电热法黄磷电尘中镓的提取研究

许 可 牛俊玲 彭伟功 著

黄河水利出版社

图书在版编目(CIP)数据

电热法黄磷电尘中镓的提取研究/许可，牛俊玲，彭伟功著.—郑州：黄河水利出版社，2009.3
ISBN 978－7－80734－565－7

Ⅰ.电…　Ⅱ.①许…②牛…③彭…　Ⅲ.电热法－黄磷－生产－镓－金属提取－研究　Ⅳ.X756

中国版本图书馆 CIP 数据核字(2009)第 005676 号

组稿编辑：王路平　☎ 0371－66022212　E-mail：hhslwlp@126.com

出 版 社：黄河水利出版社

地址：河南省郑州市顺河路黄委会综合楼 14 层　邮政编码：450003

发行单位：黄河水利出版社

发行部电话：0371-66026940、66020550、66022620(传真)

E-mail:hhslcbs@126.com

承印单位：黄河水利委员会印刷厂

开本：850 mm×1 168 mm　1/32

印张：5.25

字数：150 千字　　印数：1—2 000

版次：2009 年 3 月第 1 版　　印次：2009 年 3 月第 1 次印刷

定价：15.00 元

前 言

镓是一种重要的稀散金属，主要从其他金属生产过程的副产品中回收。面对日渐增长的对镓的需求，寻求镓的新资源，发展从中提取镓的相应技术，具有重要的意义。在电热法黄磷电尘中，镓在其静电除尘器收集的烟尘(以下简称电尘)中富集且浓度较高，使之成为可以经济副产回收镓的新资源。每生产 1 t 黄磷大约产生 200 kg 电尘，其中主要是未反应的磷灰石微尘，因此其中的磷同样具有经济价值。我国作为世界黄磷生产第三大国，每年生产黄磷 70 万 t 以上，从黄磷电尘中回收镓和磷具有重要的意义。

本书研究了从黄磷电尘中回收镓和磷的过程，采用 X 射线衍射(XRD)、傅里叶变换–红外光谱图(FT–IR)、扫描电镜(SEM)、化学物相分析等方法考察了电尘的矿物学组成及电尘中镓和磷的赋存状态；并绘制了 Ga–H_2O 体系的 Eh(氧化还原电位)–pH 图。在详细分析处理磷灰石的现有各种湿法过程以及其他物料中镓的浸出技术的基础上，经过初步探索试验，确定采用硫酸浸出电尘，并提出了一种浓硫酸熟化的预处理新技术，将电尘中的镓和磷转化成水溶性化合物，然后再从预处理物料中用水溶解浸出镓和磷。该方法可以用较少量的硫酸从电尘中比较完全地回收镓和磷，具有硫酸用量少、浸出液中镓和磷浓度高、操作简便等特点，同时也有利于反应生成的硅胶的脱水聚合以及氟的逸出，从而改善物料的固液分离性能，便于后续镓和磷回收过程的进行。深入研究了预处理和浸出过程中各种因素对镓和磷浸出率的影响以及浸出过程的动力学特性，借助 XRD、FT–IR 和 SEM 等方法分析了原尘及中间产物的化学与矿物学变化，探讨了硫酸法从电尘中提取镓和磷的过程的反应机理。

本书还考察了钛白废酸模拟溶液从电尘中浸出镓和磷的过程，发现废酸中的Fe^{2+}对镓和磷的浸出均无明显影响，用含20%硫酸和30 g/L铁的模拟废酸溶液可从电尘中比较完全地浸出镓和磷。为了从含大量铁离子的溶液中回收镓，考察了用磷酸盐沉淀法从含大量铁离子的浸出液中富集回收镓的技术以及铁在沉淀过程中的行为，查明了镓的沉淀特点与规律，以及铁离子对镓离子沉淀的影响与对策。

本书共分8章，编写人员及编写分工如下：郑州航空工业管理学院许可编写第1、2、3、4、6、8章及附录，郑州航空工业管理学院牛俊玲编写第5章，郑州航空工业管理学院彭伟功编写第7章。

在本书的编写过程中，得到了同事和同行们的鼓励和支持，借此机会向所有给予支持和帮助的同仁们表示衷心的感谢。

由于作者水平有限，书中难免有疏漏错误之处，敬请广大读者批评指正。

作　者

2008年11月

目　录

第 1 章 绪 论

被誉为“电子金属”的镓，其Ⅲ－Ⅴ族化合物，特别是它的砷、磷、氮化物 GaAs、GaP 和 GaN，是重要的半导体化合物，在电子工业及其他高科技领域如集成电路、信息存储、微波器件、激光器件、远程通信、太阳能电池、中微子测定、特殊合金等领域均有着广泛应用，已成为高科技产业的支撑材料[1, 2]。

镓在地壳中的丰度约为 $1.6\times10^{-3}\%$，不仅超过了许多稀有元素，而且超过了一些普通元素，如砷、锑、铋、钨、钼等，与铅的丰度相当。但镓在地壳中的分布极其分散，已知的极少的几种含镓矿物储量很少，工业上没有实用价值，一般认为镓没有自己的单独矿物，因而被归入稀散元素。镓常以同晶型的杂质状态分散于铝土矿、闪锌矿、煤和磷灰石中，很少形成有工业价值的独立矿床。

由于镓在这些矿石中的含量都非常低，专为提取镓而处理矿石是不经济的。除美国犹他州的 Apex 矿外，迄今镓都是在其他金属生产中作为副产品回收的[3-7]。副产回收镓的一个条件是它能在主流程某环节的产物中足够富集，从而可以从中经济地回收。在拜尔法生产氧化铝的流程中，铝土矿中的镓随同铝在浓碱高温浸出液中溶解。此铝酸钠溶液加晶种冷却沉淀氢氧化铝时，溶液中的镓基本上留在母液中，并随母液返回至下一循环的铝土矿浸出作业。镓在循环母液中积累至一定浓度如 70~150 mg/L 后，再从主流程中分出部分循环母液，从中回收镓后返回主流程。循环母液中镓可富集 20 倍以上，是现今副产回收镓的主要资源，占镓的世界总生产量的近 90%。另外约 10%的镓是从湿法炼锌渣中回收的。

镓的需求量随着高科技的飞速发展在不断增长[8-10]。20 世纪 50 年代以前，镓还主要消费在实验室出于学术上的好奇而进行的研究中。至 50 年代末全世界每年消耗的镓也不过 100 kg。随着镓在高科技中不断找到新的应用，其消费量迅速增长，70 年代已增长到约 20 t/a，80 年代 40~60 t/a，90 年代初 80~100 t/a，而到 1996 年全世界镓的需求量猛增到 140~145 t/a。目前镓的应用主要还是作为砷化镓用来制造光电器件(各种发光二极管 LED、激光二极管 LD、光电探测器与太阳能电池)以及集成电路。以世界第一大镓消费国美国为例，它消费的镓 95%以上为砷化镓，其中用于集成电路与光电器件的各占 41%，用于研究与开发的占 17%，其余 1%作为其他的应用。由于 LED 数量的增加和新品种的开发，镓的应用范围日益扩大，包括民用、军用和高速通信设备，其需求量快速增长。据美国通信业研究有限公司(Communication Industry Research Inc.)预计，全球的 LED 市场总额将会从 2004 年的 32 亿美元增长到 2008 年的 56 亿美元。与此同时，氮化镓的应用一直是研发的热点，不断研制出了用氮化镓制造的新器件。据美国战略无限公司(Strategies Unlimited)的报告，自 1995 年氮化镓 LED 器件大规模出货以来，其市场总额每年平均增长 64.5%，从 1999 年以来增长了 221%，达到 13.5 亿美元。该公司预测各种 GaN 器件市场总额到 2007 年将增加到 45 亿美元。

镓的需求量的增长要求不断增加镓的生产。现有副产回收的镓产量受氧化铝和锌生产的限制，需要寻找新的镓资源。作为镓的最大潜在资源的磷酸盐矿和煤矿，虽然据估计可回收的镓总量超过铝土矿中的可提取量，但是，由于其中镓的品位过低，至今缺乏有效的开发利用手段，不能直接作为提取镓的资源。不过，在电热法还原磷灰石生产黄磷的过程中，发现镓富集于电弧炉静电收尘的烟尘中。每生产 1 t 黄磷大约需要 4 t 磷灰石，产生 200 kg

电尘。保守的估计，即使原料中的镓只有 80%回收到电尘中，电尘中的镓也至少可富集 16 倍,使得黄磷电尘成为提取镓的一个引人注目的新资源。我国作为世界黄磷生产第三大国，每年生产黄磷 70 万 t 以上，每年产生电尘 14 万 t 以上。由于电尘基本上由未反应的磷灰石微尘组成，其成分与生产湿法磷酸的原料大致相同，其中的磷、钾、锌等成分可供利用生产复合肥料，因此，从黄磷电炉烟尘中副产回收镓具有重要的经济价值。

本书研究的目的在于发展一项从黄磷电尘中经济、高效、清洁地提取与副产回收镓的新技术,研究用此技术处理电尘过程中,物料的物理与化学变化及其原因,以及镓和磷的浸出行为与控制。这对于我国磷矿资源的综合利用与镓资源的开发具有开创性的意义,同时也希望通过此项研究获得的关于磷灰石浸出过程的认识,对改进湿法磷酸生产工艺有所参考。

从电炉黄磷厂采集的电尘，除含 Ga 0.053%外，还有 P_2O_5 26.32%、K_2O 8.89%和 ZnO 4.64%，均为可供回收的有利用价值的组分。本书首先采用化学物相分析、XRD、FT–IR 和 SEM 等方法考查了电尘的矿物组成及电尘中镓和磷的存在形式，并根据镓的基础热力学数据，绘制了 Ga–H_2O 体系的 Eh–pH 图。在详细分析处理磷灰石的现有各种湿法过程以及其他物料中镓的浸出技术的基础上，经过初步探索试验，确定采用硫酸体系浸出电尘，并提出了一种浓硫酸熟化的预处理新技术，将镓转化成水溶性化合物，然后再从预处理物料中用水浸出镓。该方法可以用较少量的硫酸从电尘中比较完全地回收镓和磷，具有硫酸用量少、浸出液中镓和磷浓度高、操作简便等特点，也有利于反应过程中生成的硅胶的脱水聚合以及氟的逸出,从而改善物料的固液分离特性,便于后续镓回收过程的进行。通过系统考察预处理过程和浸出过程中各种因素对镓和磷浸出率的影响以及浸出过程的动力学特性，借助 XRD、FT–IR 和 SEM 等方法分析原尘及中间产物的化学与矿物学变化，探索了硫酸法提取电尘中镓和磷的反应机理。同时还研究了从电尘硫酸浸出液中选择性沉淀镓的技术，查明了镓的沉淀特点与规律，以及杂质(主要是铁)对镓沉淀的影响与对策。此外还研究了废酸浸出电尘提取镓、磷的可能性。

参考文献

[1] Schoenung J M, Clark J P. Gallium Demand for Electronic Devices[J]. Journal of Metals, 1987, 39(6): 36-39.

[2] Moskalyk R R. Gallium: the Backbone of the Electronics Industry[J]. Minerals Engineering, 2003, 16(10): 921-929.

[3] Wilder T C, Katrak F E. Overview of Current Processes for the Extraction of Gallium[M]//Hass L A, Weir D R eds. Hydrometallurgy of Copper, Its Byproducts and Rarer Metals. New York: Society of Mining Engineers of AIME, 1983.

[4] Bautista R G. Gallium Metal Recovery[J]. Journal of Metals, 1989, 41(6), 30-31.

[5] Torma A E, Jiang H. Extraction Processes for Gallium and Germanium[J]. Mineral Processing and Extractive Metallurgy Review, 1991, 7(3-4): 235-258.

[6] Metz S, Trefry J H. Chemical and Mineralogical Influences on Concentrations of Trace Metals in Hydrothermal Fluids[J]. Geochimica et Cosmochimica Acta, 2000, 64(13): 2267-2279.

[7] Hoffmann J E. Advances in the Extractive Metallurgy of Selected Rare and Precious Metals[J]. Journal of Metals, 1991, 48(4): 18-23.

[8] Katrak F E, Agarwal J C. Gallium: Long-run supply[J]. Journal of Metals, 1986, 38(9): 33-36.

[9] Crowson P. Minerals Handbook 1996-97[M]. New York: Stockton Press, 1996.

[10] 赵秦生.镓的市场、生产、价格与发展[J].稀有金属与硬质合金，2001，29(6)：42-44.

第 2 章 文献综述

2.1 镓的性质

镓是一种重要的稀散金属，其元素符号为 Ga，原子序数 31，原子量 69.72，位于元素周期表Ⅲ$_A$族。1871 年门捷列夫预言了镓的存在，并称之为“类铝”元素。1875 年，法国科学家 Lecoq de Boisbaudran 对比利牛斯山脉的闪锌矿样品进行光谱分析时发现了镓。

2.1.1 镓的物理性质

固态镓是质软、淡蓝色的金属，液态镓是银白色的液体，与汞类似，有闪亮如镜的表面，但有别于汞的是易浸润玻璃和几乎所有物体的表面。镓的原子半径为 0.138 nm，Ga^{3+}的离子半径为 0.062 nm，Ga^{+}的离子半径为 0.133 nm。镓的熔点较低，为 29.78 ℃；除汞(−39 ℃)和铯(−28.5 ℃)外，镓的凝固点比其他任何金属都低；镓的沸点很高，为 2 403 ℃；镓具有元素中最长的液态区间，金属中只有锡具有类似现象。

2.1.2 镓的化学性质

镓的化学性质与铝相似，具有两性，但其活性比铝弱。常温下镓在空气中较稳定，由于外表有一层很薄的氧化膜，使镓不易被空气中的氧氧化。干燥的纯氧在温度达到 260 ℃时对镓仍没有明显的影响。在灼热的空气和氧气环境下，镓氧化的程度不明显，但却失去了金属光泽，并被一层深蓝色氧化物覆盖。在大约 1 000 ℃时，镓才被空气和纯氧完全氧化。镓存在三种氧化物，即 Ga_2O、GaO 和 Ga_2O_3，其中 Ga_2O 和 GaO 不稳定，Ga_2O_3 比较稳定；Ga_2O_3

存在五种变体，即 α、β、γ、δ 和 ε-Ga_2O_3，其中 β-Ga_2O_3 最稳定；Ga_2O_3 不溶于水，溶于氨水、氢氧化钠和氢氧化钾等碱性溶液中，在加热的条件下可溶于酸性溶液中。

在低于 100 ℃的温度下，镓与水不发生作用。除去氧的水，即使在沸腾时，也不与镓发生反应；镓若处于 200 ℃的高压釜中，会被水完全氧化。

镓能溶于王水、盐酸、硫酸中，镓在硝酸中最初形成 GaO，然后才缓慢溶解。

镓溶于碱溶液时析出氢，生成镓酸钠溶液，镓在碱性溶液中的溶解度很高，达到 kg/L 数量级，并随温度的上升而增大。

加热时，卤族元素易与镓作用。除碘外，其他卤素在冷却状态下也易与镓作用。

在加热的硫蒸气中，镓与硫反应生成 Ga_2S_3。

镓与 V_A 族元素磷、砷、锑生成具有半导体性质的化合物磷化镓、砷化镓和锑化镓，这些化合物在电子工业中具有重要意义。

在镓的化合物中，三价化合物较普遍且稳定。镓的一价化合物如 Ga_2O、GaCl 化学性质很不稳定。二价镓化合物如 GaS、GaSe、GaTe、$GaCl_2$ 和 $GaBr_2$ 等化学性质也很不稳定，容易发生氧化或歧化反应，如 $GaCl_2$ 与水反应，生成 GaOCl 和氢。三价化合物与铝的氧化物相似，具有两性，但其酸性较铝的氧化物稍强。与氢氧化铝不同的是，氢氧化镓不仅溶于强碱溶液，而且溶于氨水中。在水溶液中镓形成八面配位含水离子$[Ga(H_2O)_6]^{3+}$。在镓的许多阳离子和阴离子配合物中，工业上最重要的是与卤素形成的配离子$[GaX_4]^-$，其氧鎓盐在一些有机溶剂中溶解度很大，这一特性被用来提取和净化金属镓。另一些具有工业意义的镓化合物是 β-双酮和 8-羟基喹啉配位螯合物，它们可溶于有机溶剂中，这一特性也可用于提取和净化金属镓。

镓易与许多金属形成一系列合金，如镓与铝、锌、锡、铟等金属形成低熔点合金，这些合金可用做焊料。

2.2 镓的用途

镓的发现虽然有较长的历史，但一直没有找到广泛的用途。直到20世纪70年代初，人们发现镓与V族元素磷、砷等形成的化合物具有半导体性质，在光电器件上具有特殊价值，因此镓才引起人们的兴趣，并开始了该元素在工业上的广泛应用。

镓的用途主要体现在以下几个方面。

2.2.1 电子工业

20世纪70年代初，用砷化镓GaAs等制备的发光二极管(LED)开始应用于微型电子计算器的数字显示器件，因其工作特性较好而导致镓的用量不断增加。在镓的应用领域中，几乎所有的镓都用来制造组成为$A^{III}B^{V}$类型的金属间半导体化合物，如GaAs、GaSb和GaP。当温度升高时，这些化合物仍保持半导体性质。例如，应用GaAs的仪器可以工作到450 ℃，应用GaP的仪器可以工作到1 000 ℃。

镓在电子工业中的应用主要在以下几个方面。

2.2.1.1 用于通信设备中

镓的半导体化合物GaAs、GaP、GaSb及GaAsP、GaAlP、GaAlIn和GaAlAs等，广泛用于通信设备中。用GaAs制造的红外二极振荡器，用做隐蔽光通信设备的辐射源，传送讯号的保密性好。装配有用GaAs和GaAlAs制作的二极管激光器的微型激光雷达，用于遥控遥测、导航和水底观察等。用GaAs制作的微波组件已用于微波通信、卫星通信、导航、监测及广播等设备中，如通信卫星上的微波集成电路超短波变频器及用做微波电源的耿氏效应二极管等。高频组件以GaAs制作的为好，现在的研究正朝高输出功率方向迈进。用GaAs制作的红外光发光二极管可与光纤组合用于光通信。

2.2.1.2　用于光电转换过程

用 GaAs、GaP 等制作的半导体器件在通电时会发光，或者在光的照射下能够将光能转换成电能，因此在光电转换领域具有广泛的用途。

制作可见光发光二极管是镓系列化合物的重要用途，例如用 GaAs 制作的红色或琥珀色、GaP 及 GaAlP 制作的绿色、GaAsIn 制作的黄绿色发光二极管等。

用 GaAs 及 GaAlAs 做的太阳能电池，可用做宇宙空间站、卫星及某些军事控制仪表的可靠的驱动电源。用 GaAs 做的太阳能电池，其转换率可达 22%，发电效率也较含硅的太阳能电池高 2 倍。由 Ge–GaAs 构成的异质结，其转换效率较高，它的集光度较硅的异质结集光度高 4 倍。

2.2.1.3　用于制作集成电路及数字存储器

GaAs 与 Si 相比有两个最明显的特点，即电子漂移速度更快(几乎为 Si 的 7 倍)和抗辐射损伤能力更强。因此，GaAs 集成电路比相同复杂程度的 Si 电路快许多倍；GaAs 是直接跃迁型能带结构，工作温度范围宽，不易受电磁辐射损伤，适于在恶劣环境中使用。因此，用 GaAs 等制作的集成电路，广泛用于超高速电子计算机、卫星通信等各式仪表上。

含镓的稀土铁石榴石[(Y、Sm)$_3$(Fe、Ga)$_5$O$_{13}$]薄材，可做数字存储器。用高纯 Ga_2O_3 制备的钆镓石榴石($Ga_5Gd_3O_{12}$，即 GGG)单晶用做磁泡存储器，具有记忆容量大、不挥发、可靠性好、易小型化等优点,因而有可能广泛用于航天与智能机器人等领域中。

2.2.2　低熔点合金

镓与某些金属混合可以制成低熔点合金，表 2.1 列出了一些镓基低熔合金的组成及其熔点。

镓基低熔合金用于制造某些低温的温度控制与调节、信号报警系统的组件。由于有些镓基低熔合金在常温下呈液态，无毒，因而可取代真空扩散泵及某些仪表通常使用的汞。这类低熔点合金还可用做金属涂料，如涂于反射镜面后，可以提高镜面的反射率。

表 2.1 镓基低熔点合金组成与熔点

组分(%)	熔点(℃)	组分(%)	熔点(℃)	组分(%)	熔点(℃)
$Ga-In_{25}-Sn_{13}-Zn_1$	3	$Ga-In_{25}-Sn_{13}$	5	$Ga-Sn_{60}-In_{10}$	12
$Ga-In_{20}-Zn_4$	13	$Ga-In_{24}$	16	$Ga-Sn_{12}$	17
$Ga-Zn_{16}-In_{12}$	17	$Ga-Sn_{12}-Zn_6$	17	$Ga-Zn_5$	25
$Ga-T1_{0.5}$	27	$Ga-In_{65}-Au_8$	30	$Ga-Bi_{50}$	58

2.2.3 冷焊剂

镓的另一重要用途是用做金属、陶瓷等的冷焊剂，将液态镓按一定量与待焊接的金属粉末混合制成低温焊料，在常温下涂于金属与陶瓷焊接处，在室温或微加热的情况下使被焊接的器件结合在一起。使用这种方法焊接的焊缝具有很高的抗拉强度，并且能承受较高的温度，例如用铜–镓合金(65%Cu, 35%Ga)在 150 ~ 200 ℃下焊接的焊缝，其抗拉强度极限不低于 3 ~ 5 kg/mm^2，可在 350 ~ 900 ℃温度下工作。镓及其合金在焊接工艺中的应用改善了焊缝质量并节约了大量昂贵的金属，具有相当明显的经济效益。一些含镓的冷焊剂的组成及性能如表 2.2 所示。

表 2.2 镓基冷焊剂的组成及性能

组分(%)	25℃时焊接的凝固时间(h)	焊件能承受的最高温度(℃)	组分(%)	25℃时焊接的凝固时间(h)	焊件能承受的最高温度(℃)
$Ga-Cu_{65}$	4	900	$Ga-In_{65}-Au_8$	8	510
$Ga-Cu_{50}-Sn_{13}$	24	700	$Ga-Au_{59}$	8	475
$Ga-Cu_{40}-Sn_{24}$	24	650	$Ga-Au_{32}$	5	450
$Ga-Au_{33}-Cu_{33}$	8	650	$Ga-Au_{49}-Ag_{21}$	2	425
$Ga-Au_{66}$	8	527	$Ga-Ni_{65}$	48	250

2.2.4　仪器工业

由于镓呈液态的温区大(29.28 ~ 2 300 ℃)，故在仪器制造中得到广泛应用。如甲镓代替汞做水封，可利用镓在冷凝时体积增大3.2%的特性来制造既密封又耐高压的操作系统；镓可做灵敏度高的高温计的填充物，如用镓制作的石英温度计可以测温至 1 500 ℃而不存在像水银温度计那样在高温下易爆裂的危险，如今发展到使用 $Ga–Sn_{60}–In_5$ 或 $Ga–In_5$ 等代替镓做石英温度计。

由镓的氧化物制作的玻璃能提高红外线的透过率，如鲜黄色玻璃是由 Ga_2O_3 与 CaO 及 SiO_2 在 1 400 ℃下共熔后，再在 700 ℃煅烧而制得的，性能优良且稳定性好，厚度为 4 mm 的此种玻璃可以透过 70%的波长为 3.4 ~ 4.63 μm 的红外线，这种玻璃也可做特殊的玻璃电极。由于镓是磷的荧光激发剂，$MgO–A1_2O_3–Ga_2O_3$ 系材料可作为彩色电视的绿色发光体用于光电管中，较 Zn–Se–Cu 的发光体亮度高两倍。

2.3　镓的存在形式

镓在自然界中的含量较低，在地壳中的含量为 0.001 5%，大致与铅的丰度相近。但与铅不同的是，镓在地壳中非常分散，很少形成有工业价值的独立矿床，迄今世界上已知单独为提取镓而开采的矿床仅有美国犹他州的 Apex 矿。镓常以同晶型的杂质状态分散于其他矿物如铝土矿、闪锌矿、煤和磷灰石中，在这些矿物的加工或使用过程中，镓可能富集于其中某个产物中，如拜尔法生产氧化铝的循环母液、电解锌厂锌焙砂的浸出渣、煤燃烧的烟灰和电炉生产黄磷的烟尘等，它们成为生产镓的主要原料。以下主要讨论镓在自然界中的存在形式，以及镓在某些副产品中的富集状况。

2.3.1　镓在自然界中的存在形式

镓属典型的稀散金属，它经常以同晶型的杂质状态存在于其他矿物中。在纳米比亚发现的硫镓铜矿($CuGaS_2$)是目前唯一已知以镓为主要成分的矿物，含镓量高达35%，但它本身并不构成独立的矿床，而是和闪锌矿、硫锗铜矿、黄铜矿等矿物紧密结合在一起。

自然界中镓和铝的共晶是由于它们的外层电子一样并且离子半径相近，因而在铝土矿物的晶格中铝离子有被镓离子取代的可能性。镓在铝土矿中的含量波动在0.003%~0.008%间。

镓和锌的结合是由于闪锌矿ZnS和硫化镓γ–Ga_2S_3是同晶型的，因此闪锌矿ZnS和硫化镓Ga_2S_3往往结晶在同一种形式的晶格中，这种晶体属立方晶系，晶格参数为a=b=c=0.55 nm。镓在闪锌矿中的含量很少超过0.002%，但在某些闪锌矿中镓含量可达0.1%。

镓也存在于煤炭和磷灰石中，这是因为煤炭和磷灰石对镓有较强的吸附能力[1]，镓在煤炭和磷灰石中的含量非常低，其含镓量为0.000 1%~0.003%。

2.3.2 镓在一些生产过程中的富集

2.3.2.1 镓在炼铝过程中的富集

铝土矿中含有镓，它在由铝土矿生产铝的过程中的某些环节得到富集，例如在生产氧化铝的循环液中以及在氧化铝电解产生的烟尘中镓的含量往往较高。

1)镓在炼铝过程中的循环液中富集

用拜尔法处理铝土矿的过程中，氧化铝晶种分离母液经多次循环后，原料中进入铝酸钠溶液中的镓富集于晶种分离母液中，这种母液含镓达0.07~0.15 g/L，甚至高达0.3 g/L。当采用烧结法生产氧化铝时，在烧结过程中氧化镓和氧化铝与碳酸钠反应而生成镓酸钠和铝酸钠，在烧结物料的溶解过程中，镓酸钠和铝酸钠同时溶解到溶液中，镓在生产过程中富集于二氧化碳沉淀分离母液中，这种母液中的镓含量一般为0.02~0.03 g/L。

2)镓在氧化铝电解过程中的富集

在电解氧化铝生产金属铝的过程中，氧化铝在冰晶石和焦炭存在的条件下被电解还原而形成金属铝，同时氧化铝中含有的氧化镓在还原性环境中被还原为低价氧化物一氧化二镓 Ga_2O。由于一氧化二镓具有易挥发性，在高温条件下一氧化二镓随烟尘逸出反应体系，随着外界环境温度的降低，气态的氧化镓在冷却过程中变为固体而吸附在烟尘颗粒表面[2]。

2.3.2.2　镓在炼锌过程中的富集

在湿法炼锌过程中，用做原料的锌矿主要是闪锌矿，其中的锌以 ZnS 的形式存在，由于 ZnS 在酸中很难溶解，因此在湿法炼锌过程中首先将闪锌矿在高温下焙烧，使 ZnS 转化为 ZnO，然后用稀酸从焙烧产物中浸出锌。在闪锌矿的焙烧过程中，矿石中的铁与锌在高温下反应生成铁酸锌，同时矿石中的镓以固溶体的形式分布于铁酸锌中，在稀酸浸出过程中，铁酸锌不溶解而形成锌浸出渣，其中的镓也未溶解而富集在锌浸出渣中[3]。

2.3.2.3　镓在煤燃烧过程中的富集

煤中镓含量为 0.000 1%~0.002%[4]，在煤燃烧过程中，镓在烟尘中富集，其含量为 0.01%~0.1%。在煤汽化生产水煤气的过程中，镓在烟尘中的富集程度更高，其含量常常达到 0.3%~0.5%。

2.3.2.4　镓在黄磷生产过程中的富集

磷灰石中含有 0.000 1~0.003%的镓，用做还原剂的煤中也可能含有镓。在电热法生产黄磷过程中，磷灰石中的磷被还原成元素磷，并以气态形式从电炉中逸出。原料磷灰石和煤中的镓也被还原为低价氧化物 Ga_2O，这种低价氧化物具有很强的挥发性，在高温下随磷蒸气从电炉中逸出。同时磷蒸气中还夹带有一部分细小的烟尘，当通过静电除尘器时，烟尘被收集形成黄磷电炉烟尘。当烟尘从生产黄磷的电炉中排出时，由于温度降低，镓便以氧化镓的形式凝固在烟尘颗粒表面[5-9]。

2.4 镓的提取方法

由于镓往往以同晶型的杂质状态分散在铝土矿、闪锌矿、煤炭和磷灰石等矿物中，且含量很低，从这些原料中直接提取镓很不经济。在铝和锌的湿法冶炼过程、煤的燃烧过程以及电热法生产黄磷的过程中，镓分别富集在氧化铝生产的循环母液、锌浸出渣以及烟尘当中。由于镓在这些副产品中的含量相对较高，一般可以从中作为副产品提取镓。

2.4.1 从铝生产副产品中提取镓

2.4.1.1 从生产氧化铝的循环母液中提取镓

目前世界上镓产量的90%是从生产氧化铝的过程中回收得到的。在氧化铝生产过程中，镓富集于循环母液中，从循环母液中回收镓主要有以下几种方法。

1)石灰乳—电解法

采用石灰乳—电解法从拜尔法或烧结法生产氧化铝过程的循环液中回收镓的方法如下：

抽取一部分循环液置于碳酸化罐中，向此循环液中通入 CO_2 进行第二次碳酸化(为与生产 Al_2O_3 的第一次碳酸化相区别，故称第二次碳酸化)。镓随铝沉淀进入二次沉淀物，再用石灰乳进行苛化脱铝，溶出液经第三次彻底碳酸化，便获得富含镓的三次沉淀物。此沉淀物通过造液，净化后电解而得到金属镓。

循环液在65~75 ℃下通入饱和 CO_2 的碳酸化过程主要发生中和水解反应，形成大量的丝钠铝石($Na_2O·Al_2O_3·2CO_2·3H_2O$)沉淀，此时约有 95%或更多的镓随铝共沉淀。

$$2NaAlO_2+2CO_2+3H_2O=Na_2O·Al_2O_3·2CO_2·3H_2O\downarrow$$

$$2NaGaO_2+2CO_2+3H_2O=Na_2O·Ga_2O_3·2CO_2·3H_2O\downarrow$$

二次沉淀中的镓几乎全部以丝钠镓石而非 $Ga(OH)_3$ 的形式存

在，而二次沉淀中的铝除主要为丝钠铝石外，还有一部分为 $Al(OH)_3$。

$$2NaAlO_2+CO_2+3H_2O=2Al(OH)_3\downarrow+Na_2CO_3$$

丝钠铝石与氢氧化铝的比值，随循环液中 Na_2O 与 Al_2O_3 的比值及碳酸化条件不同而异，丝钠铝石一般约占 2/3。二次沉淀含镓量随处理原料不同而异，如处理的是烧结法循环液，则含镓 0.07%～0.1%。如处理的是拜尔法循环液，则含镓 0.2%～0.3%。

在石灰乳苛化溶出二次沉淀的过程中，镓转入溶液而与铝分离：

$$Na_2O\cdot Al_2(Ga)_2O_6\cdot 2CO_2\cdot 3H_2O+5Ca(OH)_2=$$
$$2NaGaO_2+2H_2O+(CaO)_3\cdot Al_2O_3\cdot 6H_2O\downarrow+2CaCO_3\downarrow$$

石灰乳苛化脱铝过程中得到了富镓溶出液，以及由约 40%的 $CaCO_3$ 与 60%的 $3CaO\cdot Al_2O_3\cdot 6H_2O$ 组成的铝酸钙渣。富镓溶出液经彻底(即第三次)碳酸化后，便得到含镓 1.5%~3%、铝镓比在 10 以下的三次沉淀物。用碱溶解三次沉淀物，过滤后向滤液中加入 Na_2S 以除去重金属杂质，得到含镓 5～9 g/L 或更多的 $NaGaO_2$ 电解原液。采用以不锈钢片做阴极，以不锈钢或镍片做阳极的电解槽，在电解液温度 40～60 ℃、电流密度 200~500 A/m^2、槽电压 3~4 V、极距 20~40 mm 等条件下电解便获得金属镓。电解过程的电化学反应为：

$$GaO_2^-+2H_2O+3e^-=Ga\downarrow+4OH^-$$

废电解液中的残留含镓量随处理的是烧结法的循环液或拜尔法的循环液而不同，前者的废电解液含镓约 0.3 g/L，后者含镓约 0.6 g/L。废电解液返回苛化脱铝流程，以便综合利用氢氧化钠并回收氢氧化钠中的镓。

值得注意的是，经碱化造液后用 Na_2S 除杂质的工艺，对从碱性介质中除去锌、铅及铜等有利。向含镓 10 g/L、Na_2O 120 g/L、锌 1 g/L、铅 1 g/L、铜 1 g/L 的料液中加入较理论量稍多的 Na_2S，在 80 ℃下搅拌净化，便可使 98%的锌及 80%以上的铅和铜以硫化物 MeS(Me 代表金属离子)形态沉淀而除去，与硫化物共沉淀的镓量极微，仅占镓量的 0.1%。

此法适用于烧结法处理一水硬铝石的情况，并具有简易、快速及无污染等优点。美国铝业公司于 1952 年提出此法[10-12]，1957 年为苏联沃尔霍夫铝厂采用，我国于 1957 年采用此法生产。

国内采用石灰乳—电解法从氧化铝生产过程的循环液中回收镓的厂家主要有山东铝厂、郑州铝厂和贵州铝厂，其中山东铝厂从炼铝循环液中提取镓的数量最多，山东铝厂自 1957 年便开始了镓的生产，当时年产镓 2 t，现在镓产量为每年 7~8 t。所产镓主要销往日本和欧美。

虽然石灰乳—电解法是一种从炼铝循环液中回收镓的有效方法，但采用石灰乳—电解法从循环液中回收镓存在以下缺点：

(1)根据氧化铝生产过程物料平衡的要求，彻底碳酸化后的母液必须返回氧化铝生产流程，但溶液性质已改变，全部成为弱酸性溶液，$NaHCO_3$ 含量(以 Na_2O 计)高达每升数十克。此溶液返回氧化铝生产流程将影响氧化铝的正常生产，使循环液苛性比值降低，严重时则会产生氢氧化铝沉淀。

(2)石灰乳脱铝工序会产生大量铝酸钙渣，每生产 1 kg 镓约产生 2 t 铝酸钙渣，如果将铝酸钙渣排放，则每生产 1 kg 镓将损失 300 kg 氧化铝。为了回收铝酸钙中的铝，在有些生产流程中，将铝酸钙渣返回到氧化铝生产过程的循环液中，但铝酸钙渣很难被循环液分解，将铝酸钙渣返回到循环液中会对氧化铝的生产过程造成一定影响。

2)直接电解法

从 $NaAlO_2$ 循环母液中直接电解镓的电化学反应如下所示：

阳极上：

$$GaO_2^- - 2e^- = GaO^+ + 0.5O_2\uparrow$$

$$2OH^- - 2e^- = H_2O + 0.5O_2\uparrow$$

阴极上：

$$2GaO^{+}+3e^{-}=Ga\downarrow+GaO_2^{-}$$

电解镓的总反应为：

$$GaO_2^{-}+2H_2O+3e^{-}=Ga\downarrow+4OH^{-}$$

此法的电流效率极低，而且采用直接电解法时电解液须经严格净化，所以还不能用于工业生产。

3)汞齐电解法

汞齐电解法在瑞士铝业公司所属工厂及意大利和匈牙利等国有工业化生产的报道，该方法用金属汞做阴极，从含镓的 $NaAlO_2$ 溶液中电解提取镓。在电解过程中，镓在金属汞阴极上析出而与汞形成镓汞齐。电极反应如下所示：

$$GaO_2^{-}+2H_2O+3e^{-}=Ga\downarrow+4OH^{-}$$

当电解到汞齐含镓 0.3%~1%以后，即可将含镓汞齐转移至盛有铁屑的密闭反应器中，加入 NaOH 煮至近沸，使镓汞分解，便可得到含镓 10~60 g/L 的 $NaGaO_2$ 溶液，此溶液经电解即可制取金属镓。

这种电解法存在如下缺点：①所用汞量较大，生产 1 kg 镓需用汞 2~3 t；②汞污染环境，还会转入 $NaAlO_2$ 溶液(含汞可达 0.02 ~ 0.1 g/L)而进入氧化铝的生产系统等。

4)直接萃取法

直接萃取法的基本原理是用含配位体的适当有机溶剂萃取铝酸钠溶液中的镓，再用反萃剂将镓从有机相中反萃出来，将得到的镓水相进行造液处理，制成电解液，通过电解制得金属镓。由于直接萃取法易于实现工业化且操作简便，因此逐渐得到广泛应用。

法国罗纳·普朗克公司用 Kelex100(一种取代 8–羟基喹啉)直接从拜尔法炼铝过程的循环液中萃取镓并将该技术用于工业化生产中[13-17]。该公司使用的萃镓有机相由 Kelex100 加癸醇和煤油组成，其中 Kelex100 浓度为 6%~12%，煤油为稀释剂，癸醇作为改性剂，有利于萃取镓并防止第三相的生成。

Kvajewski 和 Hanusch 等[18]使用类似的萃取剂从炼铝循环液中萃取镓，他们所使用的萃取剂的成分为 15%的 Kelex100、25%的异癸醇和 60%的煤油。

Lewis 等[19]也使用类似的萃取剂从炼铝循环液中萃取镓，他们所使用的萃取剂的成分为质量分数 13.7%的 LIX 26(一种取代 8–羟基喹啉)、2%的 Versatic 911(一种羧酸)、10%的癸醇和 Kermac 500T(一种煤油)，在萃取体系中加入羧酸的目的是为了提高镓的萃取速率。

上海有机化学研究所合成的 N601、N604 和 N608 等萃取剂具有与 Kelex100 类似的结构和萃取性能，余明新等研究了这些萃取剂从碱性铝溶液中萃取镓的性能[20]，发现 N601 是一种性能较好的萃取剂。王承明等[21]发现在 N601 和煤油组成的萃取体系中加入羧酸做加速剂、混合醇做改性剂，可以提高从碱性铝酸钠溶液中萃取镓的速率并改善分层行为，通过试验证明所用的萃取体系优于已公开发表的用于同一目的的萃取体系。杨文斌等[22]在这种萃镓有机相中添加烷基膦酸单烷基酯(例如 P5709、P5708 和 P507 等)做加速剂，使用这种加速剂的萃取体系在 50 ℃左右的萃取温度下，经多次连续循环其加速作用不会明显下降，而且该类加速剂价廉易得，适用于从氧化铝生产过程的循环母液中萃取镓。

由于液液萃取法存在萃取剂消耗量大，选择性不良及污染主流程等缺点，因此在此基础上又出现了用树脂吸附法回收镓的工艺，该法将萃取剂负载到树脂表面或使用含有特殊结构的螯合树脂，用树脂颗粒作为填料做成固定床萃取器，当含镓循环液从萃取器流过时，镓便被吸附到树脂颗粒表面。例如：Mitschker[23]、Minagawa[24]、Yotsuyanagi[25]、米歇尔[26]和拉默朗特[27]等将

Kelex100 萃取剂负载到多孔树脂颗粒表面，然后将这种负载有萃取剂的树脂颗粒填充到有机玻璃柱中，当含镓的碱性溶液从颗粒间流过时，镓便被交换到颗粒上，待树脂吸附一定量的镓后再用盐酸从树脂颗粒上洗脱镓。由于萃取剂分布在树脂颗粒表面，在萃取过程中可以提高萃取剂和含镓溶液的接触面积，因此可以提高镓的萃取速率。Kato[28]、Kataoka[29]、王纪[30]和尹守义[31]等使用含有 N—OH 基团的偕胺肟型螯合树脂颗粒做成固定床萃取器，从炼铝过程的循环液中提取镓，待树脂吸附一定量的镓后再用盐酸从这种螯合树脂表面洗脱镓。这种螯合树脂对铝酸钠溶液中的镓具有较好的交换能力，已用于工业生产。由于螯合树脂价格昂贵、容易降解，采用螯合树脂直接从循环碱液中提取镓的树脂法生产成本较高。

2.4.1.2　从炼铝过程产生的烟尘中提取镓

Carvalho 考察了不同的浸出方法对烟尘中镓的浸出效果，发现先将烟尘焙烧除炭然后用 3 mol/L 硫酸溶液浸取焙烧产物的方法能够比较完全地浸出烟尘中的镓。浸出液中的镓采用液固吸附法回收，具体方法为向浸出液中加入 NaCl，使溶液中 NaCl 的浓度达到 3 mol/L，然后用聚氨基甲酸乙酯泡沫海绵(PUF, PolyUrethane Foam)从浸出液中回收镓，该方法对镓的萃取率大于 92%[2]。

2.4.2　从炼锌过程的浸出渣中提取镓

2.4.2.1　从炼锌过程的浸出渣中浸出镓

Wardell 和 Davidson[32]研究了硫酸浓度、温度、SO_2 和浸出时间对锌浸出渣中镓的浸出效果。锌浸出渣在 80 ℃用硫酸浸出 4 h，当硫酸从 0.182 kg/kg(锌浸出渣)升至 0.726 kg/kg(锌浸出渣)时，镓的浸出率从 14%提高到 88%；在浸出时间 4 h，硫酸浓度 0.363 kg/kg(锌浸出渣)条件下，当温度从 25 ℃提高到 100 ℃时，镓的浸出率从 55.1%提高到 63.3%；将 SO_2 通入到硫酸浓度为 0.363

kg/kg(锌浸出渣)的溶液里，当其通入量从零增加到 0.272 kg/(min·kg)(锌浸出渣)时，镓的浸出率从 44%增加到 90%；在 SO_2 通入量为 0.363 kg/(min·kg)(锌浸出渣)，浸出温度 80 ℃，硫酸用量 0.363 kg/kg(锌浸出渣)条件下，当浸出时间从 1 h 升至 6 h 时，镓浸出率从 81.5%提高到 92%。通过加压的办法浸出锌浸出渣中的镓，在 200 ℃、SO_2 流量为 0.998 kg/(min·kg)(锌浸出渣)条件下浸出，镓浸出率为 97%。

周令治[3]等将锌浸出渣在回转窑中焙烧，使镓挥发到氧化锌中，氧化锌经多膛炉脱氯氟，用硫酸浸出脱氯氟后的烟尘中的镓、铟及锗，调整此溶液的酸度到含硫酸 5 ~ 10 g/L，加入锌粉置换，得到富含镓、铟及锗的置换渣，然后采用锌废电解液在液固比 10∶1、温度 90 ℃、最终酸度 0.5 ~ 0.6 mol/L 下浸出 2 ~ 3 h，置换渣中 96% ~ 100%的镓、铟及锗进入溶液。

2.4.2.2 从炼锌过程浸出渣的浸出液中回收镓

Sekine 和 Masuda 等[33]用亚氨基二乙酸型螯合树脂从含镓的硫酸浸出液中交换镓，然后用 1.5 mol/L 硫酸或 2 mol/L 盐酸从螯合树脂上洗脱镓。

周令治等[34, 35]采用全萃法从富含镓、铟及锗的硫酸浸出液中回收镓、铟、锗。具体的回收方法是用 P204 从溶液中萃取铟，用 P204 和氧肟酸协同萃取镓、锗；用 6 mol/L 盐酸从富含铟的有机相中反萃铟，用 2 mol/L 硫酸可以从富含镓和锗的有机相中完全反萃镓，而锗几乎不被反萃，然后用 1 mol/L 氢氟酸从此有机相中反萃锗。

周太立等[36, 37]采用与全萃法相似的方法从硫酸浸出液中回收镓、铟、锗，用 P204 和 SP 酸从浸出液中共萃铟和铁，用 H106 从萃取铟、铁后的溶液中共萃镓和锗，用 4 mol/L HCl 和 3 mol/L $ZnCl_2$ 溶液从含铟、铁的有机相中反萃铟，用 6 mol/L HCl 和 0.5 mol/L NaCl 溶液从反萃铟余液中反萃铁，用 5 mol/L H_2SO_4 和 2

mol/L HCl 从含镓、锗的有机相中反萃镓，用 2 mol/L 氢氟酸从反萃镓余液中反萃锗。

Harbuck[38]等采用由 5,8–二乙基–7–羟基–6–十二烷酮肟(LIX63)和庚基苯基磷酸酯(OPAP)组成的协同萃取体系从锌浸出渣的硫酸浸出液中萃取镓和锗，5,8–二乙基–7–羟基–6–十二烷酮肟的体积分数为 2%～40%，OPAP 的浓度为 0.1～0.3 mol/L。该萃取剂能够同时萃取溶液中的镓和锗，然后采用不同的反萃剂从有机相中分别反萃镓和锗。

利用液膜法分离提取硫酸浸出液中镓的工作也有报道[39]，其分离方法是将 TRPO(三烷基磷氧)、磺化煤油、$K_4[Fe(CN)_6]$溶液和表面活性剂 LMS 混合，在表面活性剂的作用下，形成油包水型的乳状液，其中油膜为含有 TRPO 和磺化煤油的萃取剂，内水相为含有 $K_4[Fe(CN)_6]$的反萃剂。然后将乳状液与含镓的溶液混合，油膜中的萃取剂萃取含镓溶液中的镓，然后镓又被内水相反萃，并与 $K_4[Fe(CN)_6]$反应生成沉淀，从而使镓由外水相转入内水相。通过对分离工艺进行研究，提出了分离提镓的最佳液膜条件，其中油相为 4%LMS–2+5%TRPO+91%磺化煤油，内水相为 10% $K_4[Fe(CN)_6]$，乳化相中油相和内水相的比例为 R_{oi}=2：1，乳化相和外水相的比例为 R_{ew}=1：5。在此最佳液膜条件下，Ga^{3+}萃取率为 98.5%。

石太宏等研究了用 P204 与 $C_{5\text{-}7}$ 羟肟酸液膜体系自湿法炼锌系统中回收镓和锗的机理和性能，建立了用 P204 和 $C_{5\text{-}7}$ 羟肟酸作协同载体，pH 值为 3.2 的氟化铵溶液为内水相，使 Ge^{4+}以溶液状态而 Ga^{3+}以 $Ga(OH)_3$ 状态同步迁移进入内水相并分别回收的液膜萃取体系。研究了影响 Ge^{4+}和 Ga^{3+}迁移的各种因素，提出了分离镓和锗的最佳液膜组成及操作条件，并用加入铁粉的方法消除了三价铁离子和二价铜离子对 Ga^{3+}和 Ge^{4+}迁移的影响。采用此萃取体系，镓和锗的回收率分别为 94.7%和 98.6%[40, 41]。

2.4.3 从煤燃烧烟尘中提取镓

英国是较早从煤燃烧烟尘中回收镓与锗的国家，所用方法是将含镓烟尘配以 CuO、Na_2CO_3、SiO_2及 Al_2O_3等熔剂，在反射炉中还原熔炼，使镓富集于铜镓合金中，然后用盐酸溶解铜镓合金。采用氯化蒸馏的方法，使锗形成易挥发的四氯化锗从溶液中逸出，镓残留在氯化蒸馏液中。氯化蒸馏液经低温冷冻结晶除铜后加入铁粉，将溶液中三价铁离子还原成二价铁离子。然后从净化的溶液中用 TBP 萃取镓，用盐酸反萃 TBP 有机相得含镓水相。向含镓水相通入 SO_2 使三价铁离子还原成二价铁离子，在 pH 值为 3.8 ~ 4.2 的条件下水解得富镓渣，然后进一步回收镓[3]。

另一种熔融提镓的方法[3]是将含镓煤尘按 CaO、Al_2O_3、SiO_2、Fe_2O_3的质量比为 10∶6∶5∶10 的比例配料，在 1 250 ~ 1 300 ℃下焙烧 60 min，便得到含镓酸盐的烧结产物。用热水浸出烧结产物中的镓，在浸出过程中大约有 90%的镓转入液相。此溶液经三次碳酸化后得到富含镓的氢氧化镓沉淀，然后用氢氧化钠溶解氢氧化镓沉淀，最后通过电解法回收镓。

Abisheva 等[42, 43]用 5 mol/L 的盐酸溶液在 80 ℃下从煤燃烧烟尘中浸出镓，然后用三烷基叔胺从浸出液中萃取其中的镓，再用氢氧化钠反萃有机相中的镓。

Izumi 等[44]在室温下用 1.5 mol/L 的硫酸溶液从煤燃烧烟尘中浸出镓，浸出率为 2.4%。用亚氨基二乙酸型螯合树脂从浸出液中提取镓，当螯合树脂对镓的吸附达到饱和时用盐酸从螯合树脂上洗脱镓，以 TOMAC 为萃取剂从盐酸溶液中萃取镓，反萃后得富含镓的氢氧化钠溶液。

中南工业大学的方正等[45, 46]在室温下用盐酸浸出煤燃烧烟尘中的镓，然后用开口乙醚基泡沫海绵(COPUFS)从浸出液中回收镓。

2.4.4 从黄磷电炉烟尘中提取镓

从黄磷电炉烟尘中提取镓的工作报道较少。Neylan 等[5]将含镓 0.034%的黄磷电炉烟尘和 Na_2CO_3 混合，在高温下熔融，然后使用水浸的办法从黄磷电尘中回收镓，具体方法是将黄磷电炉烟尘和 Na_2CO_3 以 5∶1 的比例混合，在 1 100 ℃下焙烧 2 h，得到含有镓酸钠 $Na_2O{\cdot}Ga_2O_3$ 的烧结产物，产物经冷却后磨成直径小于 1 mm 的颗粒，然后用水浸 7 h，镓的浸出率为 83.1%。该法工艺复杂，能耗高，浸出率也不够高。

Stevens 等[6, 7]直接用碱性溶液浸出黄磷电炉烟尘中的镓，具体方法为向 100 g 黄磷电炉烟尘中加入 150 mL 水，混合，加热至 80 ℃，加入 30 g 氢氧化钙，在 80 ~ 100 ℃下反应 45 min，然后将反应料浆过滤，向含镓的滤液中通入二氧化碳，使镓形成氢氧化镓沉淀，用过滤的方法从溶液中分离出氢氧化镓，用氢氧化钠溶液溶解氢氧化镓，电解即可制得金属镓。此法虽省去了焙烧作业，但镓浸出率仅 40%左右。

Abisheva 等[8]采用硫酸溶液浸出经二次富集的黄磷电炉烟尘中的镓，研究了硫酸浓度和反应温度对镓浸出率的影响。在反应温度为 80 ℃、硫酸浓度为 3 mol/L、液固比为 10∶1 的条件下，反应 2 h，可以浸出黄磷电炉烟尘中 90%以上的镓。向浸出液中加入氢氧化钠使镓形成氢氧化镓沉淀，将氢氧化镓沉淀与溶液分离，用盐酸溶解氢氧化镓沉淀，使镓溶解到盐酸溶液中，用磷酸三丁酯与煤油组成的有机相从盐酸溶液中萃取镓。此法酸碱消耗都很高。

邓彤等[9]采用浓酸熟化预处理—水浸法从黄磷电炉烟尘中回收镓，先用浓硫酸熟化电尘，将其中的镓转化成水溶性化合物，再从预处理物料中浸出镓。他们考察了预处理过程中电尘的化学和矿物学变化以及影响镓提取率的因素，并给出了适宜的预处理条件。在优化条件下预处理后的电尘在 80 ℃下浸出 1 h，镓的浸出率可达 90%以上，此法的优点是硫酸用量少且浸出液中镓浓度较高，适于直接从浸出液中回收镓。

邓彤等[47]还研究了采用(2–乙基己基)磷酸(DEHPA)与 HX(一种酸性萃取剂)组成的协萃体系从黄磷电炉烟尘的硫酸浸出液中萃取镓的过程，通过试验发现 HX 可以显著提高 DEHPA 对硫酸溶液中镓离子的萃取能力。含 15% DEHPA、2% HX 和 83%煤油的有机相对硫酸溶液中镓离子的萃取率大于 96%，三价铁离子影响镓离子的萃取，将三价铁离子还原为二价铁离子可以消除其对镓离子萃取过程的影响。采用 1.5 mol/L 的硫酸溶液可以将镓从有机相中完全反萃。

Coleman 和 Graham 等[48, 49]用含 37%羟肟酸和 63% Kermac 470–B(一种煤油)的有机相从含 118 mg/L Ga 的黄磷电炉烟尘的硫酸浸出液中萃取镓，当相比为 1∶1、pH 值为 1.02 时，镓的萃取率为 80.8%，提高 pH 值至 2.10 可使镓的萃取率达到 98.9%。

Bradbury 等[50]发现向含有镓的硫酸溶液中加入磷酸根以后，由 LIX26(一种取代 8–羟基喹啉)、壬基酚和 Kermac(一种煤油)组成的萃取体系可以有效地萃取硫酸溶液中的镓，并且随磷酸根浓度的提高，镓的萃取率逐渐提高，当磷酸根的含量达到 88 g/L 以后，镓的萃取率不再变化。黄磷电炉烟尘的硫酸浸出液中含有较高浓度的磷酸根，其浓度在 95 g/L 左右，因此这种萃取剂可被用来从黄磷电炉烟尘的硫酸浸出液中萃取镓。采用含 20% LIX26、10%壬基酚和 70% Kermac 的萃取剂从黄磷电炉烟尘的硫酸浸出液中萃取镓，在 pH 值为 1.3、温度为 60 ℃、相比为 1∶1 的条件下萃取 2 min，可使溶液中镓的萃取率达到 99%。

2.4.5 从含镓废料中回收镓

含镓废料是指在 GaAs、GaP、GaN 等半导体材料加工过程中产生的废弃物，其中镓的质量分数达 50%，是一种较好的提镓原料。近年来，随着电子工业的迅速发展，此类废弃物越来越多，以这些废料为原料提取金属镓具有很高的经济价值。Abrjutin 等[51]以半导体材料生产过程中产生的 GaAs 废料为原料，在真空度为

13.3～1.3 Pa 下，以 0.5～20 ℃/min 的加热速度，将原料由 25 ℃升温至 1 150 ℃，使原料在真空条件下发生热分解反应，此时原料中的砷及易挥发杂质被升华除去。待砷完全升华之后，将熔融的镓以 0.05～15 ℃/min 的冷却速度降温至 50～100 ℃，然后用多孔过滤膜过滤，过滤后的金属镓于容器中加热到 70 ℃后用热硝酸溶液在搅拌条件下处理 15～30 min，过滤使镓与硝酸溶液分离，然后用 50～90 ℃的去离子水洗涤除去残留的硝酸，即可制得金属镓。

2.4.6 直接从含镓矿石中回收镓

汤艳杰等[52]研究了用盐酸溶解铝土矿从中提取镓的工艺条件。含镓铝土矿磨细至 200 目，在 500 ℃温度下焙烧 3 h，然后用 6 mol/L 的盐酸溶液在液固体比 2.5∶1 条件下浸出 12 h，镓以 $GaCl_4^-$ 配离子形式进入溶液，浸出率大于 94%。

刘广义等[53]报道了以富镓煤矸石为原料提取镓的研究结果。煤矸石是采煤及洗选加工过程中产生的固体废弃物。富镓煤矸石通常含镓 30 g/t 以上。将煤矸石粉碎到一定粒径后，在 500~1 000 ℃温度下煅烧，然后用酸浸出煅烧渣得到含镓溶液，通过溶剂萃取、电解等过程可从这种溶液中得到金属镓。

Jiang 等[54]以含 Ga 0.037%、Ge 0.096 5%、Fe 16.9%、Zn 1.52%、SiO_2 34.5%的复合矿石为原料，用通入 SO_2 的硫酸直接浸出矿石中的镓。矿石磨细后，经 3 段浸出得到富含有价金属 Ga、Ge、Cu 的浸出液。该浸出液用铁置换除铜，加 H_2S 沉淀锗，用溶剂萃取法除铁，净化后的溶液加氨水使镓以 $Ga(OH)_3$ 形式沉淀析出，溶解 $Ga(OH)_3$ 沉淀并电解即可得到金属镓。Olsen 等[55]采用相同的浸出方法浸取含 Ga 0.030%、Ge 0.060%、Fe 11.13%、Zn 2.07%、SiO_2 30.11%的复合矿石，水溶液中镓的回收方法与上述方法不同，具体过程是溶液不经除铁直接采用有机萃取剂从含镓和铁的水溶液中回收镓，用稀硫酸从有机相反萃镓，然后进一步从硫酸溶液中回收镓。

2.5 湿法磷酸生产过程

电尘的主要组成是未反应的磷灰石，硫酸浸出电尘的行为与湿法磷酸生产过程有颇多相似之处。为了研究从电尘中浸出镓和磷的有效方法，首先需要考察湿法磷酸生产过程的基本原理及不同的生产方法。

在硫酸分解磷灰石的过程中，磷矿与硫酸反应生成磷酸的反应式如下所示：

$$Ca_5F(PO_4)_3+5H_2SO_4+5nH_2O=3H_3PO_4+5CaSO_4\cdot nH_2O\downarrow+HF\uparrow$$

上述反应分两步进行，首先是磷矿被磷酸分解，生成磷酸一钙

$$Ca_5F(PO_4)_3 + 10H_3PO_4= 3H_3PO_4 + HF\uparrow +5Ca(H_2PO_4)_2$$

然后是磷酸一钙与硫酸反应生成硫酸钙和磷酸

$$5Ca(H_2PO_4)_2+5H_2SO_4+5nH_2O=10H_3PO_4+5CaSO_4\cdot nH_2O\downarrow$$

生成的硫酸钙可能为二水硫酸钙、半水硫酸钙或无水硫酸钙。

2.5.1 硫酸钙的三种晶型

硫酸钙具有三种晶型，即二水硫酸钙、半水硫酸钙和无水硫酸钙[56]。

二水硫酸钙(二水物)也叫生石膏，含有 20.9%的结晶水，其相对密度为 2.32，折光系数为 N_g=1.53，N_p=1.52。在不同的条件下，二水硫酸钙结晶的形状可能不同，虽然二水硫酸钙结晶的几何形状有所不同，但从结晶学观点来看都属于单斜晶系晶体。不同形状的二水硫酸钙具有相同的微观晶体结构。

半水硫酸钙(半水物)也叫熟石膏或烧石膏，属六方晶系。半水硫酸钙有两种变体，即α型半水硫酸钙和β型半水硫酸钙。α型半水硫酸钙是从溶液中结晶生成，或在饱和水蒸气气氛中由二水

硫酸钙缓慢脱水而形成的，相对密度为 2.73，折光系数为 N_g=1.54，N_p=1.56。它的晶格内具有方向一定的孔道组织，其尺寸对水分子来说足够大，其结晶水含量会从正负两个方向连续地偏离半水硫酸钙的理论组成。β型半水硫酸钙是由二水硫酸钙在不饱和水蒸气气氛中经煅烧而迅速脱水形成的，含有 2%的结晶水，其相对密度为 2.67，折光系数为 N_g=1.56，N_p=1.55。

无水硫酸钙也叫硬石膏，属斜方晶系，有三种变体，即硬石膏Ⅰ(无水物Ⅰ)、硬石膏Ⅱ(无水物Ⅱ)、硬石膏Ⅲ(无水物Ⅲ)。硬石膏Ⅰ是一种高温变体，仅在 1 195 ℃以上才能稳定存在；硬石膏Ⅱ又称为不溶性硬石膏，是由半水硫酸钙或二水硫酸钙在饱和水蒸气下缓慢脱水形成或从溶液中结晶生成的，其相对密度为 2.99，折光系数为 N_g=1.61，N_p=1.57；硬石膏Ⅲ又称为可溶性硬石膏，是α型半水硫酸钙和β型半水硫酸钙在大气流中迅速脱水时各自形成的α无水物Ⅲ和β无水物Ⅲ。

由以上讨论可以看出，同湿法磷酸生产有关的硫酸钙结晶形态只有三种，即二水物、α半水物及无水物Ⅱ。

2.5.2　不同的湿法磷酸生产流程

根据反应过程中硫酸钙的形式，湿法磷酸生产流程可分为二水物流程、半水物流程和无水物流程。

2.5.2.1　二水物流程

当反应过程温度和磷酸浓度较低时，生成的硫酸钙为二水硫酸钙，这种湿法磷酸生产流程称为二水物流程，反应如下：

$$Ca_5F(PO_4)_3+5H_2SO_4+10H_2O=3H_3PO_4+5CaSO_4\cdot 2H_2O\downarrow+HF\uparrow$$

二水物流程是湿法磷酸生产上应用最早、最为广泛的工艺流程，它有不少的优点，例如：①二水物结晶在稀磷酸溶液中具有很好的稳定性，不会在生产过程中发生任何的相变；②能形成足够粗大、整齐的晶体，有利于过滤及充分的洗涤；③生产中工艺条件的控制幅度大，便于操作及管理等。二水物流程湿法磷酸生产方法的主要缺点是生产的磷酸浓度较稀，P_2O_5含量约为30%。

2.5.2.2 半水物流程

当反应体系磷酸浓度较高时，生成的硫酸钙为半水硫酸钙，这种流程称为半水物流程，反应过程如下所示：

$$Ca_5F(PO_4)_3+5H_2SO_4+2.5H_2O=3H_3PO_4+5CaSO_4\cdot 0.5H_2O\downarrow+HF\uparrow$$

采用半水物流程可生产P_2O_5含量达40%～50%的磷酸。这样的磷酸可直接用于生产磷酸二铵，并且只需经过单级浓缩即可获得54% P_2O_5的商品磷酸。

半水物流程的最大优点在于它的半水物结晶能够在较高的磷酸浓度以及较高的温度下以介稳态存在。同时，半水物结晶可以形成粗大的晶体，在浓磷酸介质中有较好的过滤性能，而且有较好的稳定性，允许作充分的洗涤。

然而，半水物流程也存在不足之处，主要是P_2O_5转化率较低。克服这个缺点的最根本的办法是将半水物通过再结晶过程转化成为二水物，这种流程称为半水—二水再结晶流程。

再结晶过程具有下列明显的特点：①半水物经过再结晶后，生成的二水硫酸钙结晶比较粗大而且整齐，易于过滤。②通过再结晶过程后，磷矿中P_2O_5转化率要比单一的二水物流程或半水物流程高，在分解过程中未反应的P_2O_5以及硫酸钙中夹带的P_2O_5均可在不同程度上获得释放，从而提高了P_2O_5转化率。③通过再结晶过程后，最终获得的硫酸钙晶体很纯，从而为副产石膏的综合利用创造了有利条件。由于再结晶过程中半水硫酸钙结晶中的P_2O_5进一步溶解，使石膏中P_2O_5的含量可以降低到0.2%以下，比二水物流程或半水物流程获得的石膏中P_2O_5的含量低得多。这种低P_2O_5含量的石膏可用于生产墙粉，用做水泥生产的缓凝剂以及用以生产硫酸和水泥。

2.5.2.3 无水物流程

直接生产高浓度磷酸，不经浓缩即可用于磷肥生产的工艺方法除采用半水物或半水—二水物流程外，还可以采用无水物流程。许多研究人员已经研究了用浓硫酸(98% ~ 100%)或者发烟硫酸处理磷矿的方法。

在这类方法中，最受人们注意的是美国戴维森化学公司提出的戴维森团块法以及美国田纳西流域管理局开发的发烟硫酸法。这两种方法所生产的磷酸中 P_2O_5 浓度超过 50%，并获得硫酸钙无水物。这类方法的特点是在干燥状态下进行磷矿分解，而不是通常情况下的在料浆系统中进行。下面以戴维森团块法为例讨论无水物流程。

当磷矿用浓硫酸处理时，主要反应可写成如下形式：

$$Ca_{10}F_2(PO_4)_6+10H_2SO_4=6H_3PO_4+10CaSO_4\downarrow+2HF\uparrow$$

如果没有自由水分存在，所得磷酸是无水的，用少量水浸取产物即可获得浓磷酸。

试验所用磷矿含 30.6% ~ 33.3% P_2O_5，所用硫酸是 98%工业硫酸。在试验过程中首先将硫酸加热到 100 ℃，然后与磷矿充分混合 2 min，在混合过程中有 65%的氟化物逸出，混合时温度达到 210 ~ 235 ℃；然后将混合物在 200 ~ 240 ℃下加热 20 ~ 70 min，在加热期间，氟化合物继续逸出，在混合加热期间，氟的总逸出率达到 88%。干燥的产物在逆流浸取系统中直接浸出以获得浓磷酸。

无水物流程的优点是不需浓缩而直接得到浓度很高并且比较纯净的磷酸。由于无水物流程反应体系硫酸浓度和温度都比较高，反应过程中浓硫酸能分解磷矿中的有机物质，产品磷酸中固体悬浮物的含量比二水物流程或半水物流程少，氟的逸出率比二水物流程或半水物流程高，产品磷酸中氟的含量很低，不必用另外的脱氟工序而能直接用于生产磷酸二钙作为动物辅助饲料。此外，由于磷矿中含有钾和钠，在湿法磷酸生产过程中会形成氟硅酸钾和氟硅酸钠沉淀，氟硅酸钾和氟硅酸钠沉淀对过滤过程存在不利影响。当反应温度和酸度较高时，有利于反应体系中氟的逸出，减少氟硅酸钾和氟硅酸钠的生成量,从而有利于过滤过程的进行，对于钾、钠、氟含量较高的矿物，适于采用无水物流程。

参考文献

[1] Campbell J A, Laul J C. Separation and Chemical Characterization of Finely Sized Fly Ash Particles[J]. Analytical Chemistry, 1978, 50(8): 1032-1040.

[2] Carvalho M S, Neto K C M, Nobrega A W, et al. Recovery of Gallium from Aluminum Industry Residues[J]. Separation Science and Technology, 2000, 35(1): 57-67.

[3] 周令治. 稀散金属冶金[M]. 北京: 冶金工业出版社, 1988.

[4] 黄文辉，赵继尧. 中国煤中的锗和镓[J]. 中国煤田地质, 2002, 14(B07): 64-69.

[5] Neylan D L, Walters C P. Gallium Extraction from Phosphorus Flue Dust by a Sodium Carbonate Fusion-Water Leach Process[M]// Tayler P R, Sohn H Y, Jarrett N eds. Proceedings of the International Symposium on Recycle and Secondary Recovery of Metals. Warrendale: Metallurgy Society, 1985：727-733

[6] Stevens H M, Ballwin M. Concentration of Gallium from Treater Dust from the Manufacture of Phosphorus. Ger. Offen.: 2407948[P]. 1974-08-22.

[7] Stevens H M, Ballwin M. Method of Concentration of Gallium. USA Pat. Appl.: 333928[P]. 1973-02-20

[8] Abisheva Z S, Zagorodnyaya A N. Gallium Recovering from Unconventional Sources of Raw Materials[M]//Kemal M eds. Changing Scope in Minerals Processing, Proceedings of the

International Mineral Processing Symposium. 6th. Rotterdam: Balkema, 1996：503-507.

[9] 许可，邓彤，陈家镛，等. 黄磷电炉电尘浆提取镓的预处理研究[J]. 中国有色金属学报，2004, 14(6): 1025-1030.

[10] Farry F C. Process of Producing Gallium. USA Pat: 2582376[P]. 1952-01-26.

[11] Brown R W. Recovery of Gallium from Alkali Metal Aluminate Solutions. USA Pat: 2582377[P]. 1952-01-26.

[12] Brown R W. Process of Producing Gallium. USA Pat: 2582378[P]. 1952-01-26.

[13] Jacques H, Alain L. Procede de Recuperation du Gallium de Solutions tres Basiques par Extraction Liquide/Liquide. Fr. Pat: 2277897[P]. 1974-07-12.

[14] Jacques H, Alain L. Procede de Recuperation du Gallium de Solution tres Basiques par Extraction Liquide/Liquide. Fr. Pat: 2307047[P]. 1975-04-10.

[15] 皮舍尔·也维特, 萨伯特·简·露易丝. 从碱液中分离镓的方法. 中国专利: ZL 90109175.8[P]. 1990-11-15.

[16] 简·露易丝·萨伯特, 理查德·费托希. 液－液萃取回收镓的方法. 中国专利: ZL 88102672[P]. 1988-05-05.

[17] 让路易萨包特, 里卡尔·弗特欧赛. 用液体－液体提取法回收镓的方法. 中国专利: ZL 88106935.3[P]. 1988-09-20.

[18] Krajewski W, Hanusch K. Process for the Fluid-Fluid Extraction of Gallium, Germanium or Indium from Liquid Solutions. USA Pat: 4666686[P]. 1987-05-19.

[19] Lewis R G. Process of Extraction of Gallium from Aqueous Solutions thereof. USA Pat: 4965054[P]. 1990-10-23.

[20] 余明新，许庆仁. 7–取代–8–羟基喹啉从碱性铝溶液中萃取镓

的研究[J]. 江西农业大学学报，1994, 16(2), 211-216.
[21] 王承明，徐君镐，李菁华. 从强碱性铝酸钠溶液中萃取提镓工艺. 中国专利: ZL 85103711[P]. 1985-05-13.
[22] 杨文斌，石敬民. 从氧化铝生产过程的循环母液中萃取镓的工艺. 中国专利: ZL 90104454.7[P]. 1990-06-11.
[23] Mitschker A, Lange P M, Hoffmann H, et al. Process for Recovering Gallium. USA Pat: 4943420[P]. 1990-07-24.
[24] Minagawa Y, Tanaka M, Yamaguchi K, et al. Method for Recovering Gallium. USA Pat: 4865823[P]. 1989-09-12.
[25] Yotsuyanagi T, Nishiyama Y. Method for Recovering Gallium. USA Pat: 4631177[P]. 1986-12-23.
[26] 莱姆番特 ·杰 ·米歇尔. 从拜尔液中萃取并提纯镓的方法. 中国专利: ZL 88103282[P]. 1988-06-02.
[27] 简 · 迈克尔 · 拉默朗特. 利用浸渍吸附树脂从拜尔液中提取镓. 中国专利: ZL 87106967[P]. 1987-10-19.
[28] Kato Y, Matsuda M, Ochi K. Process for Recovery of Gallium by Chelate Resin. USA Pat: 4999171[P]. 1991-03-12.
[29] Kataoka Y, Matsuda M, Yoshitake H, et al. Method for Recovery of Gallium. USA Pat: 4468374[P]. 1984-08-28.
[30] 王纪. 用离子交换法从拜尔工艺溶液中回收镓[J]. 湿法冶金，2000, 19(1): 26.
[31] 尹守义. 树脂吸附法回收镓的目的和实验研究结果[J]. 轻金属，1996, (6): 20-23, 55.
[32] Wardell M P, Davidson C F. Acid Leaching Extraction of Gallium and Germanium[J]. Journal of Metals, 1987, 39(6): 39-41.
[33] Sekine K, Masuda H, Ishibashi K, et al. Method of Selective Separation and Concentration of Gallium and/or Indium from

Solutions Containing Low Levels of Them and High Levels of Other Metal Ions. USA Pat: 4517096[P]. 1985-05-14.

[34] 周令治，田润苍，邹家炎. 全萃法从炼锌浸出渣中回收镓、铟、锗的研究[J]. 稀有金属，1981, 5(6): 7-14.

[35] Tian R C, Zou J Y, Zhou L Z. New Technology for Indium, Germanium and Gallium Recovery in an Electric Zinc Plant[M]//Jones M J, Gill P eds. Mineral Processing and Extractive Metallurgy. London: Institution of Mining and Metallurgy, 1984: 615-624.

[36] 周太立，钟祥，郑隆鳌. 全萃法从炼锌系统回收镓、铟、锗[J]. 稀有金属，1980, 4(1): 22-28.

[37] Zhou T L, Zhong X, Zheng L A. Recovering In, Ge and Ga from Zinc Residues[J]. Journal of Metals, 1989, 41(6): 36-40.

[38] Harbuck D D. Recovery of Germanium and Gallium from Sulfuric Acid Leach Solution. USA Pat. Appl.: 536929[P]. 1990-11-15.

[39] 石太宏，汤兵，张秀娟. 液膜法从湿法炼锌系统中提取镓的研究[J]. 稀有金属，1998，22(1): 1-4.

[40] 石太宏，王向德，万印华，等. D2EHPA 与 C_{5-7} 羟肟酸液膜体系自硫酸介质中协同萃取 Ga^{3+} 的液膜理论基础研究[J]. 膜科学与技术，1999, 19(3): 25-28.

[41] 石太宏，王向德，万印华，等. P204 与 C_{5-7} 羟肟酸液膜体系自湿法炼锌系统中同步迁移分别回收镓和锗[J]. 膜科学与技术，1999, 19(4): 34-38.

[42] Абищева З С, Блаида И А, Пономарева Е И. Пути Извлечения Галлия из Золыуноса от Сжигания Энергетических Углин[J]. Цветные Металлы, 1994, (2): 42-44.

[43] Абищева З С, Блаида И А, Пономарева Е И. Кислотно-Экстракционная Технология Извлечения Галлия из Золыуноса от Сжигания Энергетических Углей[J]. Цветные Металлы, 1994, (3): 36-38.
[44] Izumi T, Shigetami K. Recovery of Gallium and Vandium From Coal Fly Ash[J]. Journal of Chemical Engineering of Japan, 1991, 24(1): 15-20.
[45] 方正. 煤烟尘中镓的酸浸及用一种泡沫海绵的提取[J]. 中南矿冶学院学报, 1994, 25(6): 762-763.
[46] Fang Z, Gesser H D. Recovery of Gallium from Coal Fly Ash[J]. Hydrometallurgy, 1996, 41(2-3): 187-200.
[47] Deng T, Huang L J, Fu L. Synergistic Extraction of Gallium From Sulfuric Solution[J]. Chinese Journal of Chemical Engineering, 2002, 10(1): 112-115.
[48] Coleman J P, Graham C R, Monzyk B F. Gallium Complexes and Solvent Extraction of Gallium. USA Pat: 4741887[P]. 1988-05-03
[49] Coleman J P, Graham C R, Monzyk B F. Gallium Complexes and Solvent Extraction of Gallium. USA Pat: 4943646[P]. 1990-07-24.
[50] Bradbury J A, Coleman M E, Roberts S D. Solvent Eextraction of Gallium from Acidic Solutions Containing Phosphorus. USA Pat: 5221525[P]. 1993-01-22.
[51] Abrjutin V N, Ezhkov V P, Ivanova R V. Process for Producing High-Purity Gallium. USA Pat: 4362560[P]. 1982-12-07.
[52] 汤艳杰，刘建，刘建朝. 从铝土矿中提取镓的工艺研究[J]. 湿法冶金, 2000, 19(3): 45-48.
[53] 刘广义, 戴塔根. 富镓煤矸石的综合利用[J]. 中国资源综合

利用, 2000(12): 16-19.

[54] Jiang H. 镓与锗矿石的硫酸浸出[J]. 国外稀有金属, 1989(2): 25-28.

[55] Olsen T M, Voelker D E, Smith R A. Gallium and Germanium Extraction from the Apex Ore[M]//Torma A E, Gundiler I H eds. Precious and Rare Metal Technologies. Amsterdam: Elsevier, 1989. 531-545.

[56] 布德尼柯夫 Л Л. 石膏的应用与研究[M]. 范发家, 增宪靖, 高康武, 译. 北京: 中国工业出版社, 1963: 13.

第3章 试验材料和方法

3.1 电尘试样的组成及性质描述

3.1.1 电尘的化学元素组成

本试验所用电热法黄磷电尘过程中静电除尘器收集的烟尘的成分如表 3.1 所示。

表 3.1 电尘的组成

组分	含量(%)	组分	含量(%)	组分	含量(%)
P_2O_5	26.32	F	4.19	CaO	14.90
Al_2O_3	3.42	Fe_2O_3	2.20	K_2O	8.89
SiO_2	17.64	S	0.42	MgO	0.63
ZnO	4.64	Na	0.62	Ga	0.053

3.1.2 电尘的物相鉴定

电尘的 X 射线衍射(XRD)图与傅里叶变换–红外光谱图(FT–IR)分别如图 3.1 和图 3.2 所示(图中强度单位 CPS 表示脉冲数/s)。

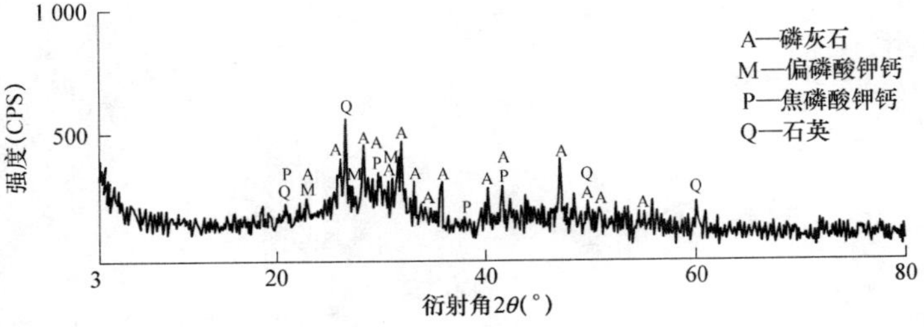

图 3.1 电尘的 XRD 图

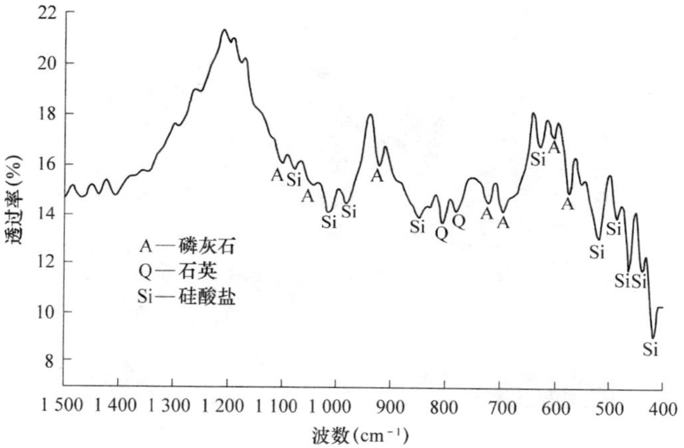

图 3.2　电尘的 FT–IR 图

从电尘的 XRD 图可以看出，电尘主要矿物组成是磷灰石、石英、焦磷酸钾钙和偏磷酸钾钙，即大部分为未反应的磷矿石颗粒。从图 3.1 中还可以看出在衍射角 2θ 值为 20°~40° 的范围内存在较宽的衍射峰，可能是因为电尘中含有无定型的硅酸盐玻璃体，这是磷矿石熔炼过程中产生的。电尘的 FT–IR 图也证实电尘中含有磷灰石、石英，从电尘的 FT–IR 图中还可以看出在 550~400 cm^{-1} 的波数范围内存在较强的吸收峰，可归因于 SiO_4 四面体中 Si—O 键的弯曲振动。同时还可以看出这些 Si—O 键的弯曲振动频率与石英中 Si—O 键的弯曲振动频率不同，说明电尘中含有较多的硅酸盐类物质。

3.1.3　电尘的扫描电镜(SEM)图

静电除尘器收集的电尘粒度小于 2 μm[1]。电尘自静电除尘器放入水中形成电尘浆，存入电尘浆池中。本试验所用的电尘是将电尘浆蒸浓、过滤、干燥得到的，由于含有元素磷，电尘中的单质磷燃烧而使细小的原始颗粒相互聚集，结成大小不等的块状，试验前经粉碎、磨细至一定粒度。图 3.3 是磨后的电尘的 SEM 图，由图 3.3 可以看出电尘原始的微细颗粒结成了较大颗粒。

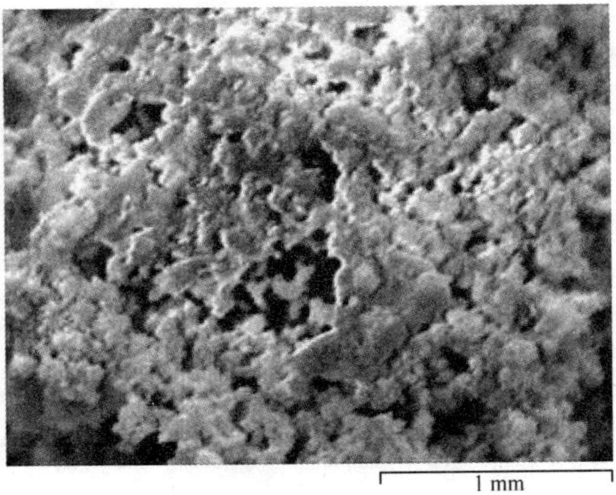

图 3.3 电尘的 SEM 图

3.1.4 黄磷电尘中磷与镓的赋存状态

如电尘样品的 XRD 图和 FT–IR 图所示，电热法还原生产黄磷产生的电尘主要是磷矿石原料的微尘，含磷物相主要是磷灰石、焦磷酸钾钙、偏磷酸钾钙，因而电尘中磷没有明显的二次富集。另外，电尘在静电除尘器中与磷蒸气分离时可能夹带小部分元素磷，当电尘从静电除尘器中放出时，电尘与空气接触并燃烧，其中的元素磷转化为磷的氧化物(水溶性磷)，均匀地分散在电尘中，如电尘的磷元素扫描图(图 3.4)所示。

通过化学物相分析可以得出电尘中不同形态磷化合物的含量，如表 3.2 所示。

以上结果也表明电尘中 85%以上的磷为酸溶性的，显然为炼磷时未反应的原料微尘，另有夹带的元素磷(与空气接触后被氧化为水溶性磷氧化物)。电尘中酸不溶性磷仅占 3%，系矿石熔炼过程中生成玻璃体包裹所致。电尘中酸可浸出的磷可达 97%。

电尘中镓含量太低，未能检测到电尘中镓的存在形式。不过，如第 2 章所述，从电热法炼磷过程的反应条件可以推测，原料磷

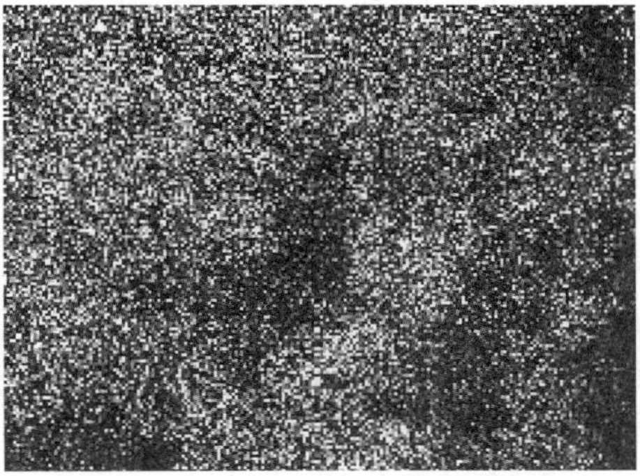

图 3.4　电尘中磷元素面扫描

表 3.2　电尘中不同形态磷化合物的含量

磷化合物	含量(%)	磷化合物	含量(%)	磷化合物	含量(%)
元素磷	—	水溶性磷(Ⅴ)	4.84	水溶性磷(Ⅲ)	6.67
酸溶性磷(Ⅴ)	85.49	酸溶性磷(Ⅲ)	—	酸不溶性磷	3.00

灰石和煤中的镓被还原为挥发性很强的低价氧化物 Ga_2O，在高温下随磷蒸气从电炉中逸出后，在温度降低时凝结成氧化镓而均匀地附着在烟尘颗粒表面。比较电尘的 SEM 图(见图 3.3)和对应它的镓元素面扫描图(见图 3.5)可以看出镓的均匀分布。

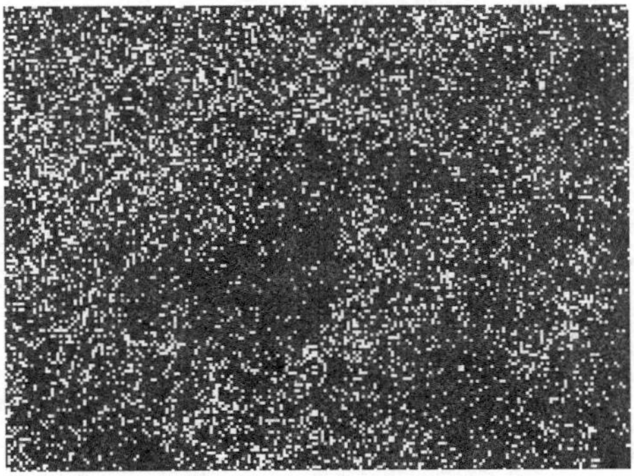

图 3.5　电尘中镓元素面扫描

3.1.5 黄磷电尘中硅的存在形式及分解特性

3.1.5.1 电尘中含硅物质的种类

根据黄磷生产的工艺，可以推测黄磷电尘中的含硅物质主要包括三类。

第一类含硅物质为反应过程中加入反应体系的造渣剂二氧化硅。天然的二氧化硅主要包括晶态的二氧化硅和无定型二氧化硅，前者主要存在于天然石英矿中，后者主要包括硅藻土以及其他无定型二氧化硅，一般将石英矿粉碎筛分后用做造渣剂。在黄磷生产过程中，一部分未反应的二氧化硅随磷蒸气逸出反应体系，通过静电除尘器时被收集而进入电尘中。电尘的 X 射线衍射图(见图 3.1)中存在石英的衍射峰，并且电尘的 FT–IR 图(见图 3.2)中存在石英的吸收峰，说明电尘中存在石英。

电尘中的第二类含硅物质为以玻璃体状态存在的硅酸盐，这是因为磷灰石中含有钙离子，同时原料中还有其他一些含钾、钠、镁、铝等金属离子的矿物。在黄磷生产过程中，二氧化硅与这些金属氧化物反应而生成玻璃状物质，在反应过程中，一部分玻璃状物质随气体从反应体系逸出，由于温度急剧下降，这些玻璃体无法快速转变为晶体而形成玻璃状物质，这种玻璃状物质的形成过程与煤燃烧过程中玻璃体的形成过程相似，这些玻璃体具有较高的反应活性，能溶于酸性或碱性溶液。

电尘中还有一类含硅物质以碳化硅的形式存在，这是因为用做造渣剂的二氧化硅与用做还原剂的焦炭在高温下反应生成碳化硅。

3.1.5.2 电尘中含硅物质的分解特性

如前所述，电尘中的二氧化硅、碳化硅不易被酸分解。玻璃体类硅酸盐有可能被酸分解，通过分析硅酸盐酸解过程的影响因素可以发现，玻璃体结构中的钾、钠、钙、镁等金属离子的离子势较低，有利于硅酸盐的溶解；但由于玻璃体是无定型物质，其中钾、钠、钙、镁等金属离子的含量以及玻璃体的结构可能不完全一样，因此导致有些硅酸盐玻璃体容易溶解于酸性溶液，而有些玻璃体不容易被酸性溶液分解，Terry[2]在研究硅酸盐的酸解特性时发现有些类型的玻璃体类硅酸盐很难被酸分解。对于本试验中使用的电尘，通过化学物相分析发现其中酸溶性的二氧化硅约占二氧化硅总含量的 54%。

3.1.6　电尘的聚集状态

电尘燃烧后结成块状物，其机械强度较大，需研磨或重压后才能破碎。组成电尘颗粒的微小粒子之间的化学结合力比较强，将小块电尘放入沸水或氢氧化钠溶液中煮 2 h，电尘颗粒不分散，说明虽然电尘很细，但由于微小颗粒之间存在较强的结合力而形成了难溶性的块状物，因此在中性或碱性溶液中，块状物的大小对反应速度的影响比较大。同时还发现，当溶液为酸性时，较大块状的电尘颗粒在酸性溶液中具有分散的趋势，且电尘块的分解速度随溶液的酸度、温度和溶液被搅拌的强度的增加而加快。因此，与在中性或碱性溶液中相比，在酸性溶液中块状物的大小对反应速度的影响比较小。

3.2　试验设备

pH 计：上海雷磁仪器厂，PHS−3C 精密 pH 计。

分光光度计：上海精密科学仪器有限公司分析仪器总厂，722S 分光光度计。

XRD：日本理学 D/Max−2400 型全自动 X 射线衍射仪，Cu 靶 Kα谱线，石墨单色器，狭缝宽度 0.3 mm，电压 50 kV，电流 250 mA，角度范围−60°~+140°，连续扫描，扫描速度 10°/min。

红外：德国 Bruker 公司 RFS100/Vector22 型傅里叶变换拉曼红外光谱仪，波数范围 370~7 000 cm^{-1}，最佳分辨率小于 1 cm^{-1}。

电镜：英国剑桥 CAMBRIDGE S250MK3 扫描电镜，加速电压 40 kV，分辨率为 5 nm，放大倍数为 20~300 000 倍，工作电压 1~30 kV，配备的能谱仪型号为 Link AN10000。

3.3 试验方法

3.3.1 熟化过程

将称量的电尘与一定量的水混合调浆，然后加入浓硫酸，搅拌均匀，并放置一定时间(熟化)，使酸与电尘充分作用，必要时可在烘箱中保温放置。预处理物料然后水浸提取其中的镓和磷。

3.3.2 浸出过程

浸出试验在三口烧瓶中进行。烧瓶的三个开口分别装有可调速电动搅拌装置、冷凝管和温度计。先将计量的溶液加入三口瓶，置于恒温水浴加热。达到预定温度后加入称量过的待浸物料，同时开动搅拌开始计时。试验中相隔一定时间取样分析溶液中的镓和磷。

浸出过程试验装置如图 3.6 所示。

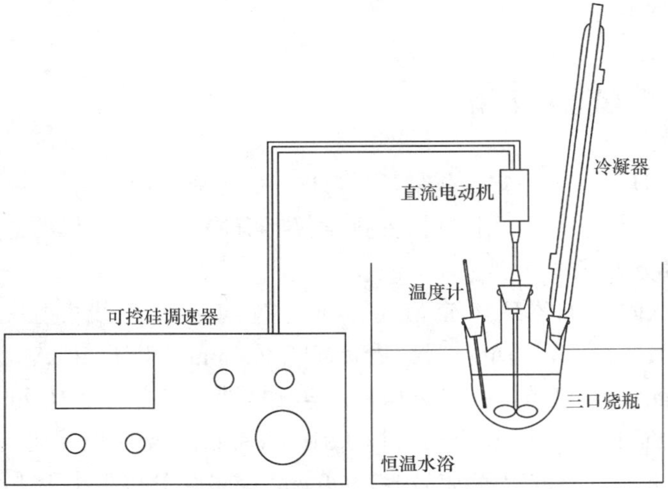

图 3.6　浸出过程试验装置

3.3.3　沉淀过程

3.3.3.1　考察 pH 值影响的试验过程

先将计量的溶液加入反应器，然后开动搅拌达到一定温度后向反应器中滴加碱液，达到一定 pH 值后，反应一定时间，然后取样。反应过程中不断调节 pH 值，在一定 pH 值下反应一定时间后取样。

3.3.3.2　考察时间影响的试验过程

先将计量的溶液加入反应器，然后开动搅拌，达到一定温度后向反应器中滴加碱液，达到一定 pH 值后开始计时，然后每隔一定时间取样测定沉淀率。

沉淀过程试验装置如图 3.7 所示。

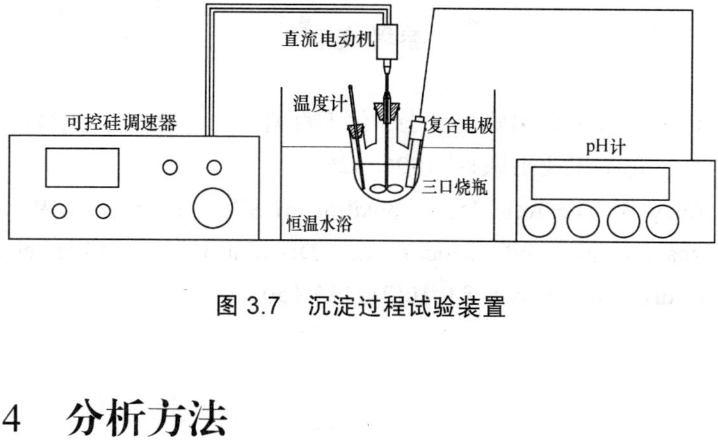

图 3.7　沉淀过程试验装置

3.4　分析方法

3.4.1　镓分析方法

镓的分析采用罗丹明B分光光度法。

在 6 mol/L 盐酸介质中，氯镓酸络阴离子($GaCl_4^-$)与罗丹明 B 生成红色络合物。此络合物能被甲苯–甲基异丁酮萃取，有机相呈红色，于 560 nm 处测量有机相的吸光度。

3.4.2 磷分析方法

磷的分析采用钼钒酸铵分光光度法。

在体积分数为 5% ~ 8%的硝酸溶液中，磷酸根离子与钒酸铵和钼酸铵生成可溶性磷钼钒酸黄色络合物，在 420 nm 处测量溶液的吸光度。络合反应如下所示：

$$2H_3PO_4+22(NH_4)_2MoO_4+2NH_4VO_3+46HNO_3= P_2O_5\cdot V_2O_5\cdot 22MoO_3\cdot nH_2O+46NH_4NO_3+(26-n)H_2O$$

3.4.3 铁分析方法

铁的分析采用磺基水杨酸分光光度法。在 pH 值为 8 ~ 11 的氨性溶液中，Fe^{3+}与磺基水杨酸生成稳定的黄色络合物，在 425 nm 处进行光度测定。

参考文献

[1] 化工百科全书编辑委员会. 化工百科全书. 第 10 卷[M]. 北京：化学工业出版社, 1996: 426.

[2] Terry B. The Acid Decomposition of Silicate Minerals. Part I. Reactivities and Modes of Dissolution of Silicates[J]. Hydrometallurgy, 1983, 10(2): 135-150.

第 4 章 电尘浸出初步研究

4.1 Ga－H_2O 体系的热力学分析

根据镓及其化合物的热力学数据绘制了 25 ℃及高温条件下 Ga–H_2O 体系的氧化还原电位 Eh–pH 图，考察了不同条件下镓的存在形式。

4.1.1 镓及其化合物的热力学数据

镓及其化合物的热力学数据如表 4.1 所示。

表 4.1 镓及其化合物的热力学数据

镓及其化合物	标准生成自由能 ΔG_{25}^0 (kJ/mol)	标准生成焓 ΔH_{25}^0 (kJ/mol)	标准熵 ΔS_{25}^0 (J/(mol · K))	热容 C_p (J/(mol · K))
Ga	0[1, 2]	0[1, 2]	40.73[1,2,3]	26.15[3]
Ga_2O	−315.17[1]	−342.76[1, 4]	91.96[1]	
Ga_2O_3	−991.50[1, 5]	−1 078.44[1,3-6]	84.98[1,3,5]	93.86[3]
Ga^{2+}	−88.78[1]			
Ga^{3+}	−152.99[1]	−210.67[1]	−346.94[1]	
$GaO_3{}^{3-}$	−618.64[1]	−851.60[7]		
H^+	0[1, 8]	0[1, 8]	0[1, 8]	
e	0[8]	0[8]	65.23[8]	
H_2O	−236.96[1, 8]	−285.57[1, 8]	69.87[1, 8]	75.37[8]
GaO^+	−256.97[1,7]			
GaO_2^-	−507.034[1,7]			
$Ga(OH)^{2+}$	−375.364[1]			
$HGaO_3^{2-}$	−685.52[1]			

4.1.2　25 ℃下 Ga–H_2O 体系的 Eh–pH 图

4.1.2.1　Eh–pH 图的绘制方法

一般说来，金属–H_2O 体系 Eh–pH 图的绘制过程包括以下几个步骤：①确定体系中可能发生的各类反应及每个反应的平衡方程式；②利用参与反应的各组分的热力学数据计算反应的总自由能变化ΔG，从而求得反应的平衡常数 K 或标准电极电位 ε_T^0；③由此可导出体系中各个反应的电极电位ε_T以及 pH 的计算式；④根据ε_T和 pH 的计算式，在指定离子活度或气相分压的条件下算出各个反应在一定温度下的ε_T值和 pH 值；⑤把各个反应的计算结果表示在以ε_T为纵坐标、pH 为横坐标的图上。

4.1.2.2　25 ℃下 Ga–H_2O 体系的 Eh–pH 表达式

根据以上热力学数据，可以计算出 25 ℃下 Ga–H_2O 体系中存在的化学反应的 Eh–pH 表达式，反应方程式及 Eh–pH 表达式如表 4.2 所示。

表 4.2　25 ℃下 Ga–H_2O 体系的 Eh–pH 表达式

编号	反应式	Eh–pH 表达式
a	$Ga_2O+2H^++2e^-=2Ga+H_2O$	Eh= −0.401−0.059 1pH
b	$Ga_2O_3+6H^++6e^-=2Ga+3H_2O$	Eh= −0.485−0.059 1pH
c	$Ga_2O_3+4H^++4e^-=Ga_2O+2H_2O$	Eh= −0.527−0.045 91pH
d	$Ga_2O_3+6H^+=2Ga^{3+}+3H_2O$	pH=0.743 3−0.333 3lg(Ga^{3+})
e	$Ga_2O_3+4H^+=2GaOH^{2+}+H_2O$	pH= −0.165−0.5lg($GaOH^{2+}$)
f	$Ga_2O_3+2H^+=2GaO^++H_2O$	pH= −3.56−lg(GaO^+)
g	$2GaO_2^-+2H^+=Ga_2O_3+H_2O$	pH=18.81+lg(GaO_2^-)
h	$2HGaO_3^{2-}+4H^+=Ga_2O_3+3H_2O$	pH=14.54+0.5lg($HGaO_3^{2-}$)
i	$2GaO_3^{3-}+6H^+=Ga_2O_3+3H_2O$	pH=13.60+0.333lg(GaO_3^{3-})
j	$Ga^{3+}+3e^-=Ga$	Eh= −0.529+0.019 7lg(Ga^{3+})
k	$GaOH^{2+}+H^++3e^-=Ga+H_2O$	Eh= −0.479−0.019 7pH+0.019 7lg($GaOH^{2+}$)
l	$GaO^++2H^++3e^-=Ga+H_2O$	Eh= −0.415−0.039 4pH+0.019 7lg(GaO^+)
m	$GaO_2^-+4H^++3e^-=Ga+2H_2O$	Eh= −0.114−0.078 8pH+0.019 7lg(GaO_2^-)
n	$HGaO_3^{2-}+5H^++3e^-=Ga+3H_2O$	Eh=0.088−0.098 5pH+0.019 7lg($HGaO_3^{2-}$)
o	$GaO_3^{3-}+6H^++3e^-=Ga+3H_2O$	Eh=0.319−0.118 2pH+0.019 7lg(GaO_3^{3-})
p	$Ga^{3+}+e^-=Ga^{2+}$	Eh= −0.677
q	$Ga^{2+}+2e^-=Ga$	E= −0.455+0.029 6lg(Ga^+)

注：表达式中(Ga^{3+})表示体系中 Ga^{3+}的活度值，其他同。

4.1.2.3　25 ℃下 Ga–H_2O 体系的 Eh–pH 图

将以上 Eh–pH 表达式中各物质的活度值取为 10^{-3} mol/L，相当于在液固比为 4∶1 的条件下电尘中的镓完全溶解时浸出液中镓的浓度，通过计算可以绘制出 25 ℃下 Ga–H_2O 体系的 Eh–pH 图如图 4.1 所示。

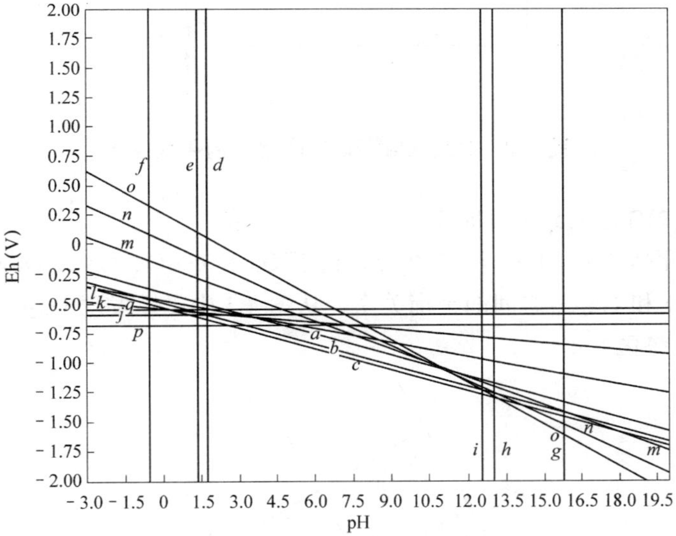

图 4.1　25 ℃下 Ga–H_2O 体系中各反应过程中 Eh–pH 关系

图 4.1 中每一条直线代表表 4.2 中的一个化学反应，下面分别讨论不同物种之间的平衡关系，然后找出反应体系中不同物种的优势区。

1)Ga、Ga^{2+}、Ga^{3+}之间的平衡关系

图 4.2 中的 *q*、*j*、*p* 线分别代表 Ga 和 Ga^{2+}、Ga 和 Ga^{3+}、Ga^{2+}和 Ga^{3+}之间的平衡关系。从图 4.2 中可以看出，Ga^{2+}离子不存在优势区。

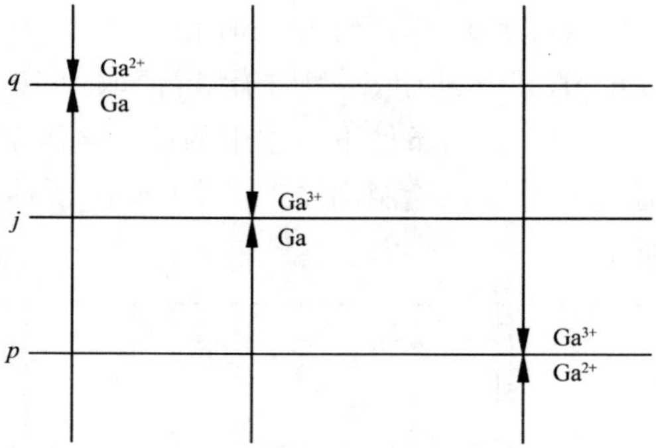

图 4.2 Ga、Ga^{2+}和 Ga^{3+}之间的平衡关系

2)Ga、Ga_2O、Ga_2O_3之间的平衡关系

图 4.3 中的 *a*、*b*、*c* 线分别代表 Ga 和 Ga_2O、Ga 和 Ga_2O_3、Ga_2O 和 Ga_2O_3之间的平衡关系。从图 4.3 中可以发现 Ga_2O 不存在优势区。

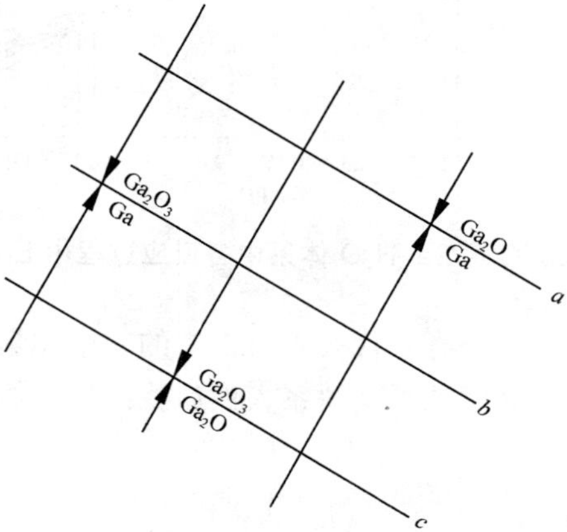

图 4.3 Ga、Ga_2O 和 Ga_2O_3之间的平衡关系

3)Ga_2O_3、GaO^+、$GaOH^{2+}$、Ga^{3+}之间的平衡关系

图 4.4 中的 *f*、*e*、*d* 线分别代表 Ga_2O_3 和 GaO^+、Ga_2O_3 和

$GaOH^{2+}$、Ga_2O_3 和 Ga^{3+}之间的平衡关系。从图 4.4 中可以看出，GaO^+和 $GaOH^{2+}$的优势区被 Ga^{3+}的优势区覆盖，说明 GaO^+和 $GaOH^{2+}$两种组分不占优势。

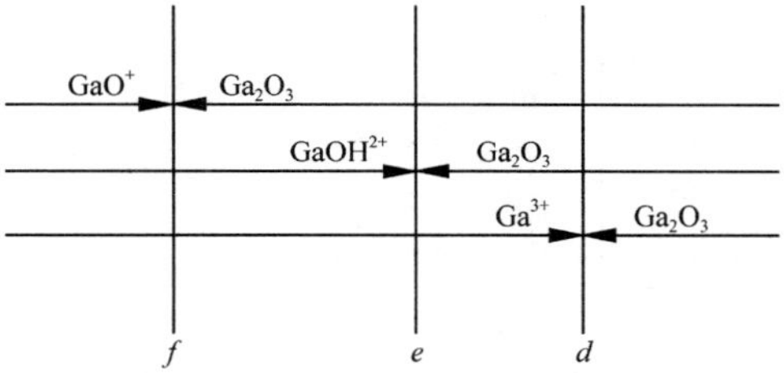

图 4.4　Ga_2O_3、GaO^+、$GaOH^{2+}$、Ga^{3+}之间的平衡关系

4) Ga_2O_3、GaO_2^-、$HGaO_3^{2-}$、GaO_3^{3-}之间的平衡关系

图 4.5 中的 *i*、*h*、*g* 线分别代表 Ga_2O_3 和 GaO_3^{3-}、Ga_2O_3 和 $HGaO_3^{2-}$、Ga_2O_3 和 GaO_2^-之间的平衡关系。从图 4.5 中可以看出，$HGaO_3^{2-}$和 GaO_2^-的优势区被 GaO_3^{3-}的优势区覆盖，说明 $HGaO_3^{2-}$和 GaO_2^-两种组分不占优势。

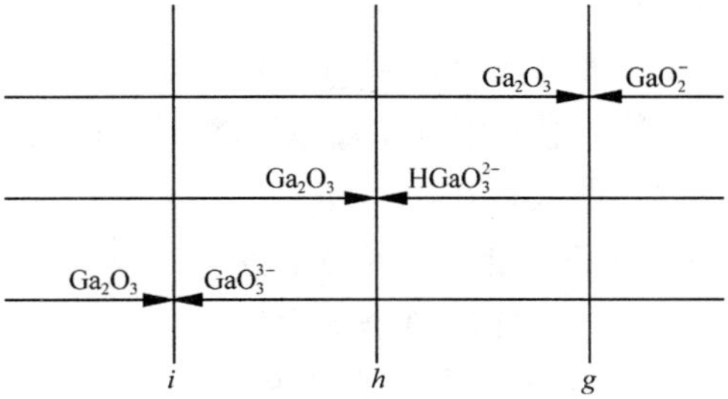

图 4.5　Ga_2O_3、GaO_2^-、$HGaO_3^{2-}$、GaO_3^{3-}之间的平衡关系

5) $Ga–H_2O$ 体系的 Eh–pH 图

通过以上讨论可以绘制出 $Ga–H_2O$ 体系的优势图如图 4.6 所示。

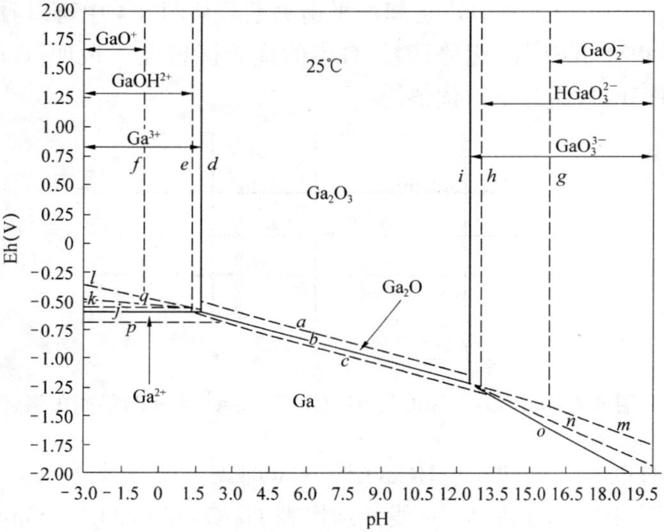

图 4.6　25 ℃下 Ga–H_2O 体系的 Eh–pH 图

从 Ga–H_2O 体系的 Eh–pH 图可以看出，在水溶液中 Ga_2O、Ga^{2+}、GaO^+、$GaOH^{2+}$、$HGaO_3{}^{2-}$和 $GaO_2{}^-$不存在优势区，Ga、Ga_2O_3、Ga^{3+}和 $GaO_3{}^{3-}$存在优势区，Ga 和 Ga_2O_3 既可溶于酸性溶液也可溶于碱性溶液，在酸性溶液中镓主要以 Ga^{3+}形式存在，在碱性溶液中镓主要以 $GaO_3{}^{3-}$形式存在。

4.1.3　高温 Ga–H_2O 体系的 Eh–pH 图

4.1.3.1　高温体系 Eh–pH 图的绘制方法

高温体系 Eh–pH 图与常温体系 Eh–pH 图存在差异的主要原因是当温度升高时，反应体系中各个反应的ΔG 发生了变化。因此，为了绘制高温体系的 Eh–pH 图，首先应当求出高温条件下各个反应的ΔG 值。

当反应体系的温度变化范围较小时，不同温度下的平衡常数存在以下函数关系：

$$\ln\frac{K_{T2}}{K_{T1}}=\frac{\Delta H_1}{R}(\frac{1}{T_1}-\frac{1}{T_2}) \tag{4.1}$$

式中，K_{T1} 为温度 T_1 下的反应平衡常数；K_{T2} 为温度 T_2 的反应平衡常数；ΔH_1 为温度 T_1 下反应过程的焓变；R 为气体常数。

由此可以推导出不同温度下的ΔG 值存在如下关系：

$$\Delta G_2=\frac{T_2}{T_1}(\Delta G_1-\Delta H_1)+\Delta H_1 \tag{4.2}$$

式中，ΔG_2、ΔG_1 分别表示温度 T_2、T_1 下反应过程的自由能变化。

当反应体系的温度变化范围较大时，采用以下方程式计算高温下的ΔG 值：

$$\Delta G_T^0=\Delta G_{298}^0-(T-298)\Delta S_{298}^0+(T-298)\Delta\tilde{C}_p^0|_{298}^T-(T\ln\frac{T}{298})\Delta\tilde{C}_p^0|_{298}^T \tag{4.3}$$

其中 $\Delta\tilde{C}_p^0|_{298}^T$ 表示 298 K 到 T K 之间的平均热容。对于呈原质和化合物形态的反应组分来说，其 $\tilde{C}_p^0|_{298}^T$ 值可通过已知的 $C_p^0=f(T)$ 式求得。离子型组分的 $\tilde{C}_p^0|_{298}^T$ 可通过下式求得：

$$\tilde{C}_p^0|_{298}^T=\alpha+\beta(S_{298}^0-5n) \tag{4.4}$$

其中 n 为离子所带电荷数。α、β与体系温度和离子类型有关，当温度及离子类型一定时，α、β为常数。

在已查阅的文献中，Ga^{2+}、GaO^+、GaO_2^-、$GaOH^{2+}$、$HGaO_3^{2-}$的 ΔH_{298}^0、S_{298}^0 未见报道，因此采用以上两种方法均不能计算出高温条件下有上述离子参与的反应的ΔG 值。在已查阅的文献中，GaO_3^{3-}的 S_{298}^0 及 Ga_2O 的 C_p^0 未见报道，因此采用第二种方法不能计算出高温条件下有上述离子参与的反应的ΔG 值。但从上述文献中可以查到 GaO_3^{3-}及 Ga_2O 的ΔH 值，采用第一种方法可以计算出有上述离子参与的反应的ΔG 值。由于采用第一种方法可以计算的组分较多，因此绘制高温条件下 Ga–H_2O 体系的 Eh–pH 图时采用第一种方法。

4.1.3.2　高温 Ga–H_2O 体系的 Eh–pH 表达式

高温 Ga–H_2O 体系的 Eh–pH 表达式如表 4.3 所示。

4.1.3.3　高温 Ga–H_2O 体系的 Eh–pH 图

高温下 Ga–H_2O 体系的 Eh–pH 图如图 4.7~图 4.10 所示。可以看出，在高温下，Ga_2O 仍无优势区，说明在高温下 Ga_2O 容易转化为镓的其他形式。同时还可以看出，随着温度的升高，Ga^{3+} 的优势区缩小，GaO_3^{3-}的优势区扩大，说明温度的升高不利于 Ga_2O_3 在酸性溶液中的溶解，有利于 Ga_2O_3 在碱性溶液中的溶解。这是因为 Ga_2O_3 在酸性溶液中的溶解反应是放热反应，温度升高平衡常数减小，Ga_2O_3 在碱性溶液中的溶解反应是吸热反应，温度升高平衡常数增大。

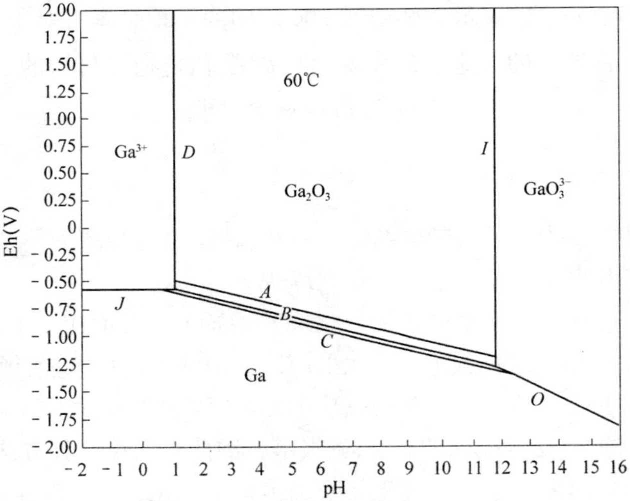

图 4.7　60 ℃下 Ga–H_2O 体系的 Eh–pH 图

表 4.3　高温 Ga–H_2O 体系的 Eh–pH 表达式

编号	反应式	60 ℃ Eh–pH 表达式	80 ℃ Eh–pH 表达式	200 ℃ Eh–pH 表达式
A	$Ga_2O+2H^++2e^-=2Ga+H_2O$	Eh= –0.418–0.066 1pH	Eh= –0.425–0.070 08 pH	Eh=–0.469–0.093 9pH
B	$Ga_2O_3+6H^++6e^-=2Ga+3H_2O$	Eh= –0.497–0.066 1pH	Eh= –0.505–0.070 08 pH	Eh=–0.544–0.093 9pH
C	$Ga_2O_3+4H^++4e^-=Ga_2O+2H_2O$	Eh= –0.536–0.066 1pH	Eh= –0.542–0.070 08 pH	Eh=–0.582–0.093 9pH
D	$Ga_2O_3+6H^+=2Ga^{3+}+3H_2O$	pH=0.128 6–0.333 3lg(Ga^{3+})	pH= –0.166 8–0.333 3lg(Ga^{3+})	pH=–1.415–0.333 3lg(Ga^{3+})
I	$2GaO_3^{3-}+6H^+=Ga_2O_3+3H_2O$	pH=12.86+0.333lg(GaO_3^{3-})	pH=12.52+0.333lg(GaO_3^{3-})	pH=11.074+0.333 3lg(GaO_3^{3-})
J	$Ga^{3+}+3e^-=Ga$	Eh= –0.505+0.022lg(Ga^{3+})	Eh= –0.491 8+0.023 4lg(Ga^{3+})	Eh=–0.4116+0.031 3lg(Ga^{3+})
O	$GaO_3^{3-}+6H^++3e^-=Ga+3H_2O$	Eh=0.354–0.132 9pH+ 0.022lg(GaO_3^{3-})	Eh=0.374–0.140pH+ 0.023 3lg(GaO_3^{3-})	Eh=0.495–0.188pH+ 0.031 3lg(GaO_3^{3-})

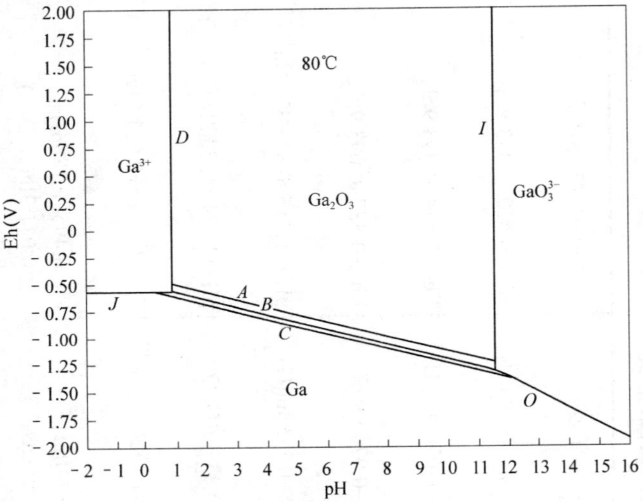

图 4.8　80 ℃下 Ga–H$_2$O 体系的 Eh–pH 图

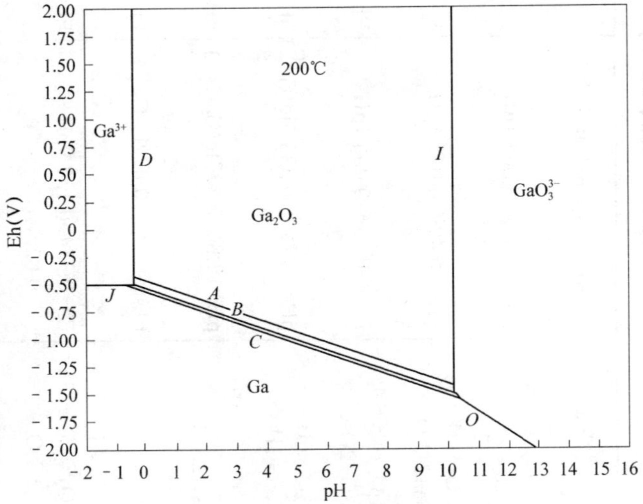

图 4.9　200 ℃下 Ga–H$_2$O 体系的 Eh–pH 图

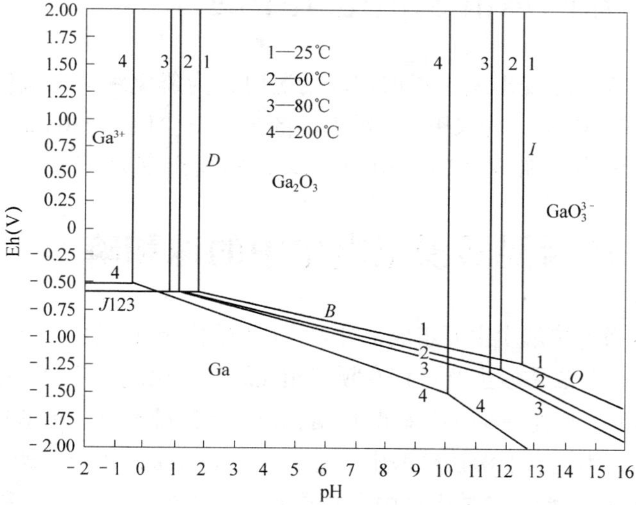

图 4.10　25、60、80 ℃和 200 ℃下 Ga–H_2O 体系的 Eh–pH 图

从以上 Ga–H_2O 体系的热力学分析可知，镓的氧化物作为两性化合物，既能溶于酸，也能溶于碱。因此，本章初步分别考查电尘在苛性碱和各种酸的浸出过程中的行为，以确定浸出体系。在此基础上进而进行系统的浸出研究。

4.2　氢氧化钠浸出电尘中的镓

从 Ga–H_2O 体系的 Eh–pH 图中可以看出，金属镓和氧化镓的性质与铝相似，具有两性，既能溶于酸，也能溶于碱。为考察电尘中的镓在碱性溶液中的溶解特性，将 20 g 电尘加入 300 mL2 mol/L 氢氧化钠溶液中，在 80 ℃下浸出 6 h，通过试验发现镓的浸出率为 72.48%，浸出后液固分离困难。

4.3 盐酸溶液浸出电尘中的镓

在考察酸浸出电尘提取镓的情况时，为避免钙离子沉淀可能造成的负面影响，先采用盐酸浸出。将 25 g 电尘加入 250 mL6 mol/L 盐酸溶液中，在 80 ℃下浸出 17 h，镓的浸出率为 91%。

4.4 硫磷混酸浸出电尘中的镓和磷

黄磷电炉烟尘主要组成部分是未反应的磷矿石微尘，其酸性浸出过程与湿法磷酸生产过程有颇多相似之处。用硫酸溶液从电尘中浸出镓时，电尘中的钙与硫酸根结合成难溶的硫酸钙，可能影响反应进行，为此参照湿法磷酸生产过程所用的方法，用硫酸磷酸混合酸分解电尘。湿法磷酸生产中用硫磷混酸分解磷矿的反应步骤如下：

$$Ca_5F(PO_4)_3 + 10H_3PO_4 = 3H_3PO_4 + HF + 5Ca(H_2PO_4)_2$$

$$3Ca(H_2PO_4)_2 + 3H_2SO_4 = 3CaSO_4 + 6H_3PO_4$$

反应生成的硫酸钙在 20%的磷酸溶液中具有最大溶解度，因此在试验中先配制 20%的磷酸溶液，达到一定温度后，加入电尘，液固比为 10∶1。反应 1 h 后，滴加硫酸，反应 6 h。试验结果如表 4.4 所示。可以看出，在 60 ℃以上浸出 3 h，电尘中镓和磷浸出率分别在 90%和 95%左右。

表 4.4 硫磷混酸浸出电尘结果

试验序号	温度(℃)	反应时间(h)	镓浸出率(%)	磷浸出率(%)
1	60	6	89.34	94.5
2	70	6	89.40	94.8
3	80	6	90.49	95.0
4	80	3	89.32	94.5

注：试验条件为：电尘颗粒均能通过 35 目筛，液固比 10∶1。

4.5　硫酸浸出电尘中的镓和磷

硫酸钙在硫酸溶液中的溶解度比在硫磷混酸溶液中的溶解度小。为了考察硫酸直接浸出过程中生成的硫酸钙对镓和磷浸出过程的影响，在 80 ℃分别用 3 mol/L 和 4 mol/L 硫酸溶液浸出电尘，试验结果如表 4.5 所示。

表 4.5　硫酸浸出电尘结果

试验序号	硫酸浓度(mol/L)	反应时间(h)	镓浸出率(%)	磷浸出率(%)
1	3	4	90.44	94.51
2	4	4	90.44	94.67

注：试验条件为：电尘颗粒均能通过 35 目筛，液固比 10：1，搅拌器转速 800 r/min，80 ℃。

由表 4.5 中可以看出，3 mol/L 以上硫酸溶液对电尘中镓和磷的浸出率与前述硫磷混酸非常接近，反映了硫酸浸出过程中生成的硫酸钙对电尘中镓和磷的浸出影响不大。

以上酸浸试验确认，无论用 6 mol/L 盐酸、20%磷酸与 5%硫酸的硫磷混酸，还是用 4 mol/L 硫酸加温充分浸出，电尘中镓的浸出率均在 90%~91%间，这应是电尘中镓的最大酸溶率，其余酸不溶部分可能包裹在石英或熔融时形成的玻璃体等难以被酸侵蚀的物相中。磷浸出率略低于可酸浸磷的百分率，可能主要损失于生成的磷石膏。HPO_4^{2-}离子与 SO_4^{2-}离子的几何结构非常接近，只是 HPO_4^{2-}离子比 SO_4^{2-}离子半径稍微大一些，溶液中的 HPO_4^{2-}可能取代 SO_4^{2-}进入硫酸钙晶格形成磷石膏[9]。

与酸浸相比，碱性溶液对电尘中镓的浸出率较低，且浸出矿浆固液分离困难。因此，决定采用硫酸浸出以提取电尘中的镓和磷，并初步研究了硫酸直接浸出过程中影响镓和磷浸出率的各种因素。

4.6　硫酸直接浸出过程中影响镓和磷浸出率的因素

4.6.1　温度对镓和磷浸出率的影响

温度对磷和镓浸出率的影响分别如图 4.11 和图 4.12 所示。

从图 4.11 中可以看出，60 ℃时浸出约 1.5 h 可达到最大磷浸出率。提高温度在浸出初期虽可加快磷的浸出速率，但温度的影响不很显著，且最终可达到的最大磷浸出率均为 95%。与磷的浸出有所不同，图 4.12 表明，镓的浸出率随温度的升高而增加的幅度比磷大，而且即使浸出温度提高至 80 ℃以上，虽然镓的浸出率随温度提高的幅度减小，但 90 ℃下反应 2 h 后镓的浸出率仍有明显提高，表明此时镓的浸出率仍未达到最大值。显然，用硫酸直接浸出时，镓的浸出速度比磷浸出得慢，要求的浸出温度比磷高。

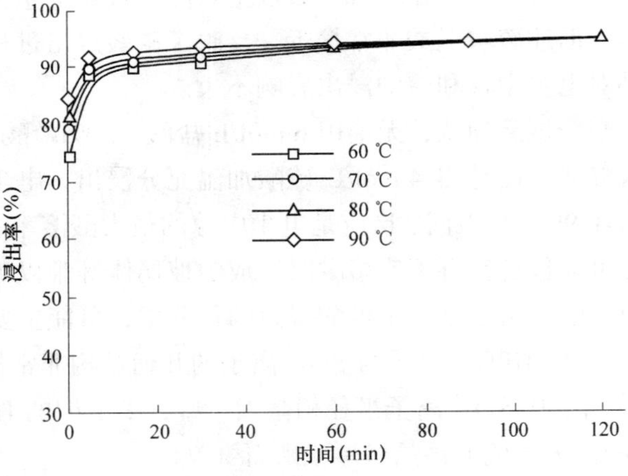

图 4.11　温度对磷浸出率的影响

(硫酸浓度 2 mol/L，液固比 10∶1)

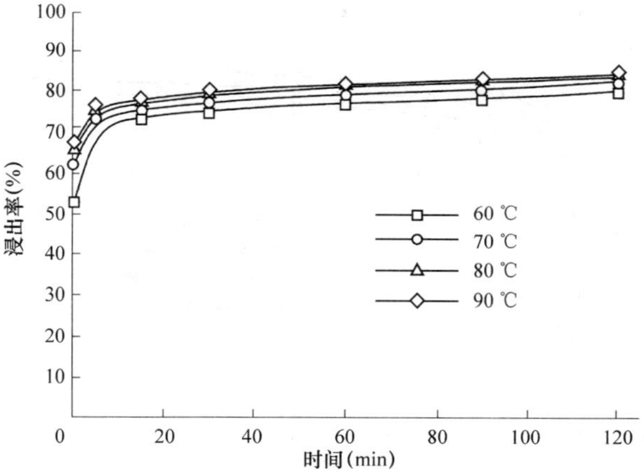

图 4.12 温度对镓浸出率的影响

(硫酸浓度 2 mol/L，液固比 10∶1)

4.6.2 硫酸浓度对镓和磷浸出率的影响

硫酸浓度对镓和磷浸出率的影响分别如图 4.13 和图 4.14 所示。

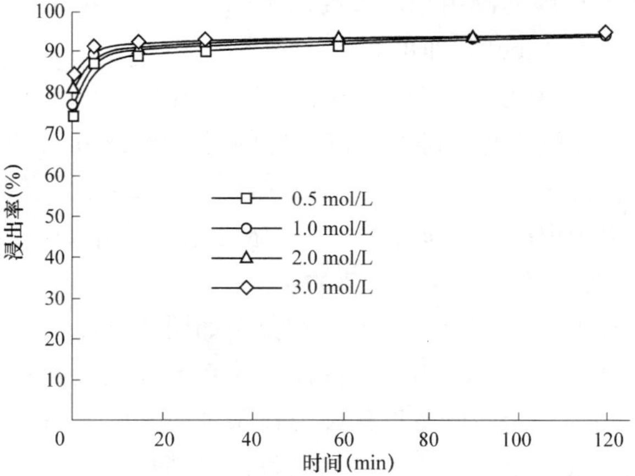

图 4.13 硫酸浓度对磷浸出率的影响

(温度 80 ℃，液固比 10∶1)

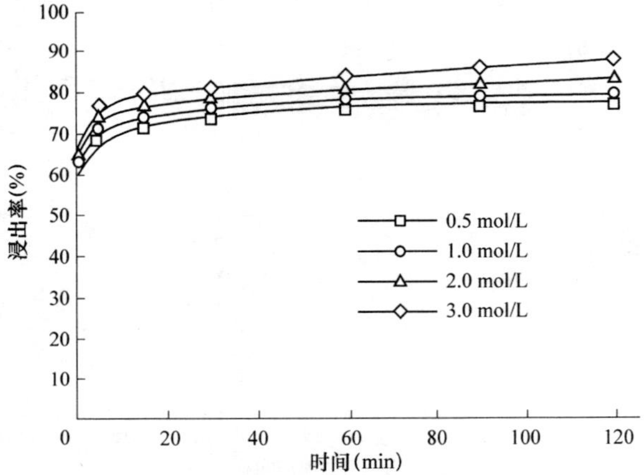

图 4.14　硫酸浓度对镓浸出率的影响

(温度 80 ℃，液固比 10：1)

从图 4.13 中可以看出，电尘中的磷在硫酸浓度 0.5 mol/L 下浸出约 2 h 可达到最大浸出率。提高硫酸浓度虽有利于磷的浸出，但浸出 1 h 后磷的浸出率的提高已不明显，表明浸出磷需要的硫酸浓度在 0.5~1 mol/L 即可。

从图 4.14 中可以看出，硫酸浓度对镓浸出率的影响远比对磷的浸出明显。硫酸浓度达到 3 mol/L，镓的浸出比 2 mol/L 硫酸时仍提高不少，换言之，为了有效浸出镓，硫酸浓度 2 mol/L 仍嫌不够。显然，从电尘中浸出镓所要求的硫酸浓度也比浸出磷所要求的高。

4.6.3　液固比对镓和磷浸出率的影响

液固比对磷和镓浸出率的影响分别如图 4.15 和图 4.16 所示。

从图 4.15 中可以看出，提高反应体系的液固比有利于磷的浸出，这是因为一定硫酸浓度的浸出体系中较高的液固比意味着含有较多的硫酸总量。电尘的浸出过程需要消耗一定量的硫酸，随着反应的进行，硫酸浓度逐渐降低，某一转化率下反应体系的硫酸浓度可由下式表示：

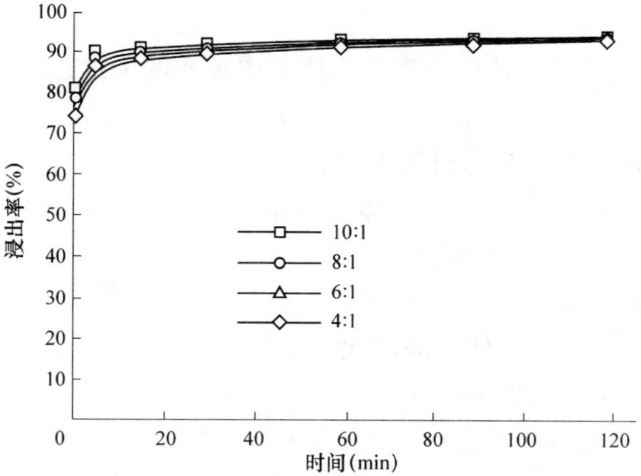

图 4.15　液固比对磷浸出率的影响

(温度 80 ℃，硫酸浓度 2 mol/L)

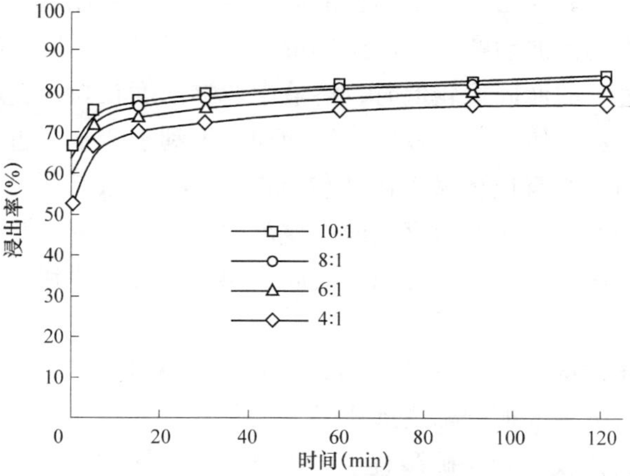

图 4.16　液固比对镓浸出率的影响

(温度 80 ℃，硫酸浓度 2 mol/L)

$$C = C_0 - \sigma \frac{n_0}{V_S}\alpha = C_0 - \sigma \frac{1}{R_{LS}}\alpha \tag{4.5}$$

式中　C——某一转化率下反应体系中硫酸的浓度；

C_0——反应体系的初始硫酸浓度；

σ——化学反应计量系数；

n_0——反应体系中固体初始摩尔数；

V_S——溶液的体积；

α——转化率；

R_{LS}——反应体系液固比。

从式(4.5)可以看出，在反应体系初始硫酸浓度 C_0 一定的条件下，当液固比 R_{LS} 较低时，反应进行到一定程度 α 后，体系硫酸浓度降低幅度较大，硫酸浓度 C 变得较低，在较低的硫酸浓度下，反应速度较慢，当反应时间一定时，磷的浸出率较低。

在硫酸浸出电尘过程中，电尘颗粒的分解速率在很大程度上取决于颗粒表面层中离子的扩散速率，在强烈搅拌条件下，悬浮的颗粒为湍流波动的液体流所携带，加速了界面层离子的扩散。当反应过程的液固比较低时，溶液中产物浓度较高，引起溶液黏度增大，从而使液体边界层厚度增加，不利于离子在边界层中的扩散，因此当反应体系液固比较低时，不利于反应的进行。

另一方面，在所考察的液固比范围内，它对磷的浸出影响并不显著，从实际的角度考虑，液固比 4∶1 可以达到满意的磷浸出率。

同样，从图 4.16 中可以看出，提高液固比有利于镓的浸出，而且镓浸出率增加的幅度远比磷大。从图 4.16 中各液固比下镓的浸出率的比较可知，硫酸直接浸出电尘提取镓的最佳液固比应取 8∶1，远远高于浸出磷所需要的 4∶1。

从以上讨论可以看出，镓的浸出过程受温度、硫酸浓度和液固比的影响比磷大，浸出镓比浸出磷需要更高的温度、硫酸浓度和液固比，或者说镓的浸出比磷的浸出困难。

4.7 小　结

(1)在 Ga–H_2O 体系中不存在 Ga_2O、Ga^{2+}、GaO^{+}、$GaOH^{2+}$、$HGaO_3^{2-}$和 GaO_2^{-}的优势区，Ga、Ga_2O_3、Ga^{3+}和 GaO_3^{3-}存在优势区。Ga 和 Ga_2O_3 既可溶于酸性溶液也可溶于碱性溶液，在酸性溶液中镓主要以 Ga^{3+}形式存在，在碱性溶液中镓主要以 GaO_3^{3-}形式存在。随着温度的升高，Ga^{3+}的优势区缩小，GaO_3^{3-}的优势区扩大，说明温度的升高不利于 Ga_2O_3 在酸性溶液中的溶解，有利于 Ga_2O_3 在碱性溶液中的溶解。

(2)碱性溶液对电尘中镓的浸出率较低，只有 72.48%，且浸出后固液分离困难，因此电尘不宜采用碱浸。

(3)采用盐酸和硫磷混酸从电尘中浸出镓，在不形成硫酸钙沉淀或降低硫酸钙沉淀影响的条件下，电尘中镓的浸出率在 90%~91%，表明电尘中镓的最大酸溶率约为 91%，其余酸不溶部分可能包裹在石英或熔融时形成的玻璃体等难以被酸侵蚀的物相中。

(4)采用酸溶液直接从电尘中浸出镓，镓的浸出率仍为 90%左右，接近镓的最大酸溶率，说明反应过程中生成的硫酸钙对电尘中镓的浸出的影响不大，但镓比磷浸出难度大，浸出镓比浸出磷需要更高的温度、硫酸浓度和液固比。

(5)虽然电尘的主要组成是未反应的磷灰石，硫酸浸出电尘的行为与湿法磷酸生产过程有颇多相似之处，但由于镓比磷浸出难度大，如简单套用湿法磷酸法直接用硫酸浸出镓，要求的硫酸浓度大、液固比高，导致硫酸消耗过高，经济上不可行，且残留硫酸浓度大，浸出液中镓离子浓度低，造成后续回收镓的过程的困难。因此，需要寻求硫酸浸出的强化措施，或者发展新的浸出过程，既保证满意的镓浸出率，又降低硫酸消耗。

参考文献

[1] 钟竹前，梅光贵．化学位图在湿法冶金和废水净化中的应用[M]．长沙：中南工业大学出版社，1987：429, 403.

[2] Lehrstuhl fur Theoretische Huttenkunde. Landolt-Bornstein Thermodynamic Properties of Inorganic Materials[M]. Heidelberg: Springer, 1999: 47.

[3] 梁英教，车荫昌，刘晓霞，等．无机物热力学数据手册[M]. 沈阳：东北大学出版社, 1994: 156，161.

[4] Perry R H. Perry's Chemical Engineering Handbook. 6th Edition[M]. New York: McGraw-Hill, 1984: 3-150.

[5] 林传仙，白正华，张哲儒．矿物及有关化合物热力学数据手册[M]. 北京：科学出版社, 1985: 16.

[6] 叶大伦．实用无机物热力学数据手册[M]. 北京：冶金工业出版社, 1981: 378.

[7] 杨显万．高温水溶液热力学数据计算手册[M]. 北京：冶金工业出版社, 1983: 233, 687.

[8] 傅崇说．冶金溶液热力学原理与计算[M]. 北京：冶金工业出版社, 1979: 517, 339, 514.

[9] 吴佩芝．湿法磷酸. 1 版[M]. 北京：化学工业出版社, 1987: 74, 44, 66, 94.

第 5 章　电尘预处理过程

硫酸直接浸出电尘的初步试验表明，欲从电尘中有效提取镓，浸出反应需要在较高的硫酸浓度、温度和液固比下进行，不仅硫酸消耗量大，从浸出液中回收镓的后续作业的试剂消耗也大。为了减少硫酸用量又能有效地浸出电尘中的镓，采用了一种特殊的预处理方法——浓酸熟化法：先用少量水与电尘均匀混合调制成料浆，将计量好的浓硫酸加入料浆中搅拌均匀，利用高浓度的硫酸使电尘中的镓转化成水溶性镓化合物，并将混合物在一定温度下陈化一定时间，使转化更充分，然后用水浸出预处理物料中的镓。本章根据电尘的组成讨论了预处理过程中电尘与硫酸之间的主要反应，考察、分析了预处理过程中各种反应条件对镓和磷浸出率的影响，并进行了预处理条件的优化。

5.1　硫酸分解电尘过程中硫酸与电尘之间的基本化学反应

由于电尘浆干燥过程中燃烧并使电尘结合成强度较大的块状，因此在预处理之前先将块状电尘研磨并筛分成一定粒度的颗粒，然后再与浓硫酸混合。当浓硫酸与电尘颗粒混合时发生以下反应。

5.1.1　电尘中含镓化合物在硫酸溶液中的溶解

由于电尘中镓的含量很低，无法确切找出镓的存在形式。考虑电尘中的镓可能是以氧化物的形式存在的，在预处理过程中，电尘中的含镓化合物与硫酸反应生成水溶性镓化合物。

$$Ga_2O_3 + 3H_2SO_4 = Ga_2(SO_4)_3 + 3H_2O \tag{5.1}$$

由于 Ga_2O_3 不易溶解于稀酸，镓的溶解过程需在较高的酸度下进行。

5.1.2 电尘中磷灰石及其他含磷化合物与硫酸之间的反应

电尘中的磷灰石、焦磷酸钾钙和偏磷酸钾钙与硫酸反应生成磷酸等水溶性产物及硫酸钙沉淀。

$$Ca_5F(PO_4)_3 + 5H_2SO_4 + 5nH_2O = 3H_3PO_4 + 5CaSO_4 \cdot nH_2O \downarrow + HF \uparrow \quad (5.2)$$

$$K_2CaP_2O_7 + 2H_2SO_4 + (1+n)H_2O = K_2SO_4 + CaSO_4 \cdot nH_2O \downarrow + 2H_3PO_4 \quad (5.3)$$

$$KCa(PO_3)_3 + 1.5H_2SO_4 + (3+n)H_2O = 0.5K_2SO_4 + CaSO_4 \cdot nH_2O \downarrow + 3H_3PO_4 \quad (5.4)$$

$$xK_2SO_4 + yH_3PO_4 + zH_2SO_4 = K_{2x}H_{3y+2z}(SO_4)_{x+z}(PO_4)_y \quad (5.5)$$

其中 n 可能等于 2、0.5 或 0，分别代表二水、半水或无水硫酸钙。通过考察硫酸钙的各种变体的热力学平衡数据，发现在浓酸熟化预处理过程中，硫酸钙的稳定形式是无水硫酸钙；但是由于硫酸钙的变体可以在热力学不稳定的条件下以介稳态存在，硫酸钙可能以三种变体中的某一种形式存在。反应式(5.5)表示 K_2SO_4 可能与磷酸和硫酸反应生成酸式复盐。

从以上反应可以看出，黄磷电炉烟尘中的磷灰石、焦磷酸钾钙和偏磷酸钾钙等含磷化合物被硫酸分解时会形成硫酸钙沉淀，生成的硫酸钙可能影响反应的进行。在考察硫酸钙对分解过程的影响时，应弄清不同条件下硫酸钙的存在形式及其转化过程。

5.1.2.1 不同条件下硫酸钙的热力学稳定形式

在不同的外界条件下硫酸钙以不同的形式存在，当外界条件变化时，硫酸钙的存在形式也随之变化。下面讨论在不同溶液中以及不同条件下硫酸钙的稳定形式。

1)纯水中硫酸钙的稳定形式

不同水合形式的硫酸钙及其变体在水中的溶解度如图 5.1

所示[1]。从图中可以看出，除二水硫酸钙以外，其他硫酸钙水合物在水中的溶解度均随温度升高而降低。由图 5.1 中还可以看出，二水硫酸钙和无水硫酸钙Ⅱ在水中的溶解度最低。在 40 ℃时二水硫酸钙的溶解度曲线和无水硫酸钙Ⅱ的溶解度曲线相交，这说明温度低于 40 ℃时二水硫酸钙是稳定相，高于 40 ℃时无水硫酸钙Ⅱ是稳定相。在 40 ℃时，两者可以互相转换并保持 $CaSO_4 \cdot 2H_2O \rightleftharpoons CaSO_4$ Ⅱ $+2H_2O$ 平衡关系。其他水合物的溶解度较高，处于热力学不稳定状态，有转化为二水硫酸钙 $CaSO_4 \cdot 2H_2O$ 或Ⅱ型无水硫酸钙 $CaSO_4$ Ⅱ的趋势。二水硫酸钙 $CaSO_4 \cdot 2H_2O$ 的溶解度曲线和α型半水硫酸钙 $\alpha\text{-}CaSO_4 \cdot 0.5H_2O$ 的溶解度曲线相交于 107 ℃，进一步的研究表明，准确的温度应为 97 ℃，此温度下两者可以互相转换并保持 $CaSO_4 \cdot 2H_2O \rightleftharpoons \alpha\text{-}CaSO_4 \cdot 0.5H_2O + 1.5H_2O$ 平衡关系，但此平衡是介稳平衡，在此温度下这两种形式的硫酸钙变体都有转化为Ⅱ型无水硫酸钙 $CaSO_4$ Ⅱ的趋势。

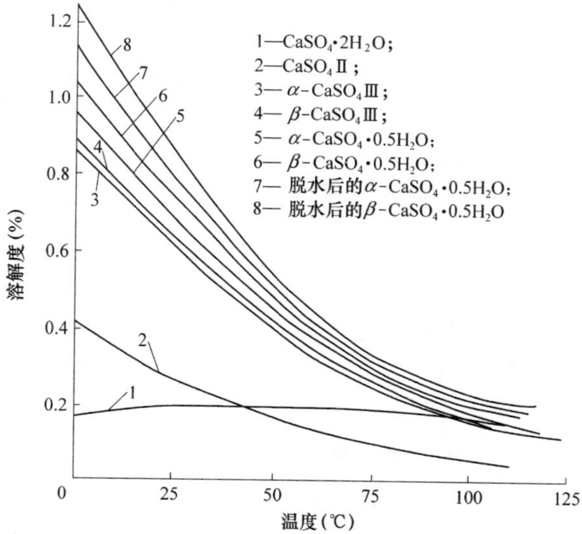

图 5.1　各种形式的硫酸钙在水中的溶解度

2)磷酸溶液中硫酸钙的稳定形式

$CaSO_4-P_2O_5-H_2O$体系的相平衡图如图 5.2 所示[1]，其中实线代表 $CaSO_4\cdot 2H_2O \rightleftharpoons CaSO_4$ Ⅱ $+2H_2O$ 转化平衡线，虚线代表 $CaSO_4\cdot 2H_2O \rightleftharpoons \alpha\text{-}CaSO_4\cdot 0.5H_2O+1.5H_2O$ 平衡线。从图 5.2 中可以看出，在 $CaSO_4-P_2O_5-H_2O$ 体系中，硫酸钙仅存在两种稳定的变体：二水硫酸钙和无水硫酸钙Ⅱ，其稳定区各在 $CaSO_4\cdot 2H_2O \rightleftharpoons CaSO_4$ Ⅱ $+2H_2O$ 转化曲线的下方和上方，α半水硫酸钙在 $CaSO_4\cdot 2H_2O \rightleftharpoons \alpha\text{-}CaSO_4\cdot 0.5H_2O+1.5H_2O$ 转化曲线的上方区域Ⅲ中是介稳定的，而二水硫酸钙在两条转化曲线之间的区域Ⅱ中是介稳定的。二水法磷酸生产过程中磷酸的浓度和反应体系的温度应处于区域Ⅱ中，在此区域中，二水硫酸钙是介稳定的而α半水硫酸钙是不稳定的。半水法磷酸生产过程中磷酸的浓度和反应体系的温度应处在 $CaSO_4\cdot 2H_2O \rightleftharpoons \alpha\text{-}CaSO_4\cdot 0.5H_2O+1.5H_2O$ 介稳平衡曲线上方的区域Ⅲ内，在此区域内，α半水硫酸钙是介稳定的而二水硫酸钙是不稳定的。

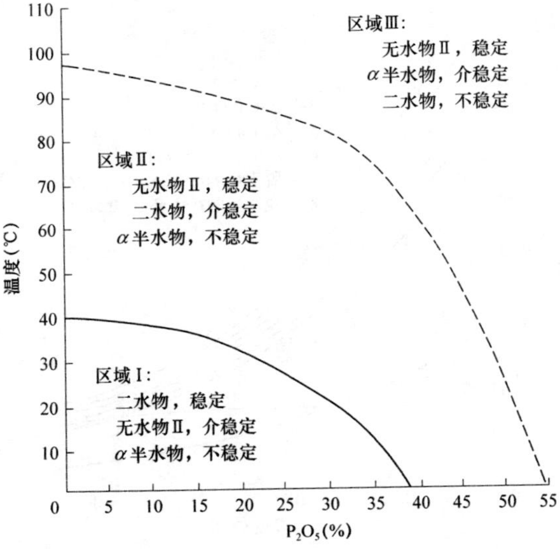

图 5.2　$CaSO_4-P_2O_5-H_2O$ 体系的相平衡图

3)硫磷混酸溶液中硫酸钙的稳定形式

A. 硫磷混酸溶液中二水硫酸钙与α半水硫酸钙之间的介稳平衡曲线

在含有硫酸的磷酸溶液中，二水硫酸钙与α半水硫酸钙的介稳平衡曲线随硫酸浓度和磷酸浓度的变化如图 5.3 所示[1]。当硫酸浓度为零，也即在纯磷酸溶液中，二水硫酸钙与α半水硫酸钙的介稳平衡曲线与图 5.2 相同。由图 5.3 可以看出，当磷酸溶液中硫酸含量增加时，二水硫酸钙和α半水硫酸钙的介稳平衡曲线向温度和 P_2O_5 浓度减小的方向移动。

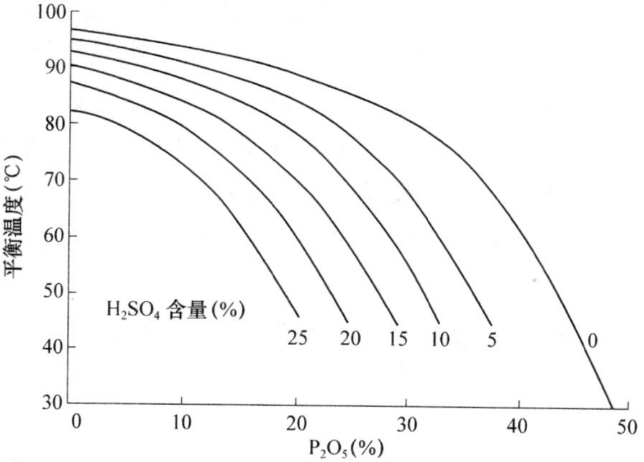

图 5.3　在含有硫酸的磷酸溶液中二水硫酸钙与α半水硫酸钙的介稳平衡曲线

B.硫磷混酸溶液中二水硫酸钙与无水硫酸钙Ⅱ之间的平衡曲线

在含有硫酸的磷酸溶液中二水硫酸钙与无水硫酸钙的平衡曲线未见报道。Kelley 等[2]详细研究了二水硫酸钙以及无水硫酸钙Ⅱ的热力学性质，得出了纯水中 $CaSO_4 \cdot 2H_2O \rightleftharpoons CaSO_4$Ⅱ$+2H_2O$ 反应的自由能方程式

$$\Delta G = 688.34T + 0.090\,3T^2 - 273.71T\lg T - 10\,479 \tag{5.6}$$

其中ΔG 为反应过程的自由能变化，J/mol；T 为体系的绝对温度，K。

当ΔG=0 时，通过求解上述方程，可以得出 T=313 K，即 40 ℃。在此温度下，二水硫酸钙、无水硫酸钙Ⅱ和纯水共存；当温度低于 40 ℃时，二水硫酸钙是稳定相；当温度高于 40 ℃时，无水硫酸钙Ⅱ是稳定相。由方程(5.6)得出的平衡点温度与图 5.1 中二水硫酸钙和无水硫酸钙Ⅱ溶解度曲线交点处的温度非常一致。

方程(5.6)的适用条件是假设与二水硫酸钙和无水硫酸钙处于平衡状态的液体是纯水，当水中溶解有硫酸和(或)磷酸时，水的蒸气压降低，由此引起的水蒸气自由能变化可表示为

$$\Delta G = RT\ln(P/P_0) \tag{5.7}$$

其中 P 是含有磷酸和(或)硫酸的水溶液上方水的饱和蒸气压，Pa；P_0 是纯水上方水的饱和蒸气压，Pa；ΔG 表示水蒸气压力从 P_0 变化到 P 时水蒸气的自由能变化，J/mol；R 为气体常数，J/(mol·K)。

对于反应 $CaSO_4 \cdot 2H_2O \rightleftharpoons CaSO_4$ Ⅱ $+ 2H_2O_{水溶液}$，结合式(5.6)和式(5.8)，可以得出上述反应的自由能变化为：

$$\begin{aligned}\Delta G = &163.89T + 0.0215T^2 - 65.17T\lg T - \\ &2495 + 2.303RT\lg(P/P_0)\end{aligned} \tag{5.8}$$

根据式(5.8)，可以算出不同相对水蒸气压力下ΔG 随温度的变化，如图 5.4 所示。

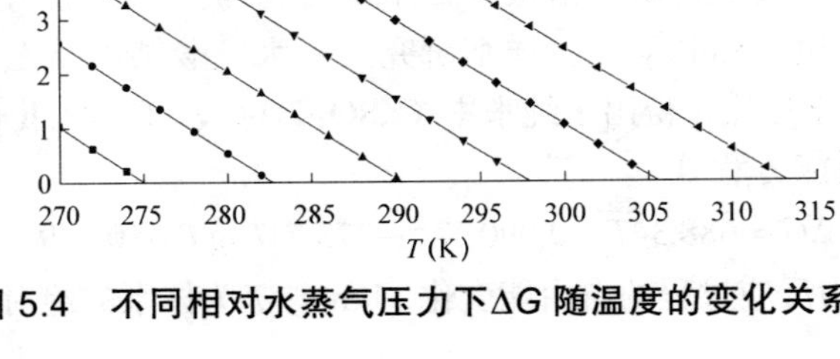

图 5.4 不同相对水蒸气压力下ΔG 随温度的变化关系

根据图 5.4，可以得出不同相对水蒸气压力下，$\Delta G=0$ 时的温度，也即不同相对水蒸气压力下二水硫酸钙和无水硫酸钙Ⅱ的平衡温度，如图 5.5 所示。

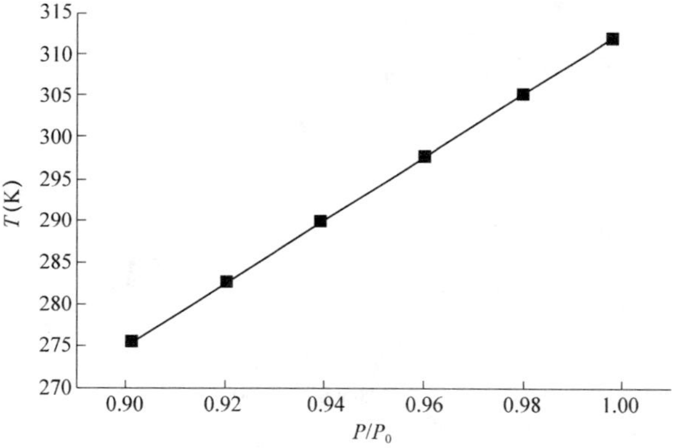

图 5.5 不同相对水蒸气压力下二水硫酸钙和无水硫酸钙Ⅱ的平衡温度

不同磷酸浓度和温度下，水溶液中水的饱和蒸气压[2]与纯水的饱和蒸气压的比值，也即水的活度 P/P_0 如图 5.6 所示。

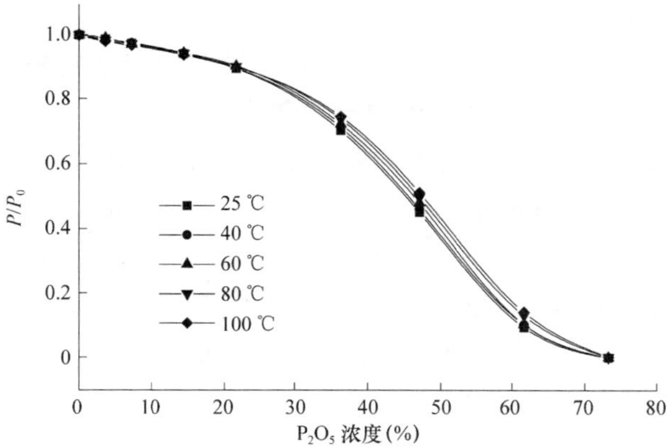

图 5.6 磷酸浓度和温度对磷酸溶液 P/P_0 的影响

不同硫酸浓度和温度下，水溶液中水的饱和蒸气压[3]与纯水的饱和蒸气压的比值，也即水的活度 P/P_0 如图 5.7 所示。

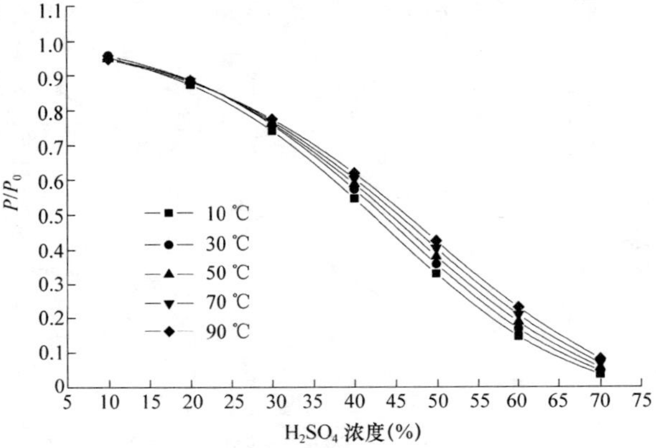

图 5.7　硫酸浓度和温度对硫酸溶液 P/P_0 的影响

对于含有不同浓度磷酸和不同浓度硫酸的硫磷混酸溶液，一般无法在手册上查到水溶液的饱和蒸气压。可以根据溶液中的磷酸和硫酸浓度估算其饱和蒸气压，然后估算硫磷混酸溶液中硫酸钙的存在形式。

由以上讨论可以看出，与二水硫酸钙和α半水硫酸钙的介稳平衡曲线类似，当磷酸溶液中硫酸含量增加时，二水硫酸钙和无水硫酸钙Ⅱ的介稳平衡曲线向温度减小的方向移动。在纯水中二水硫酸钙和无水硫酸钙Ⅱ的平衡点为 40 ℃，也即溶液温度大于 40 ℃时，无水硫酸钙Ⅱ处于热力学稳定状态，溶液温度低于 40 ℃时，二水硫酸钙处于热力学稳定状态。当溶液中含有硫酸和(或)磷酸时，二水硫酸钙和无水硫酸钙Ⅱ的平衡点温度低于 40 ℃。例如在 50%的硫酸溶液上方水蒸气压与纯水的蒸气压的比值为 0.3～0.4，由此可以得出二水硫酸钙和无水硫酸钙Ⅱ的平衡点温度在 0 ℃以下，也即在 0 ℃以上，无水硫酸钙Ⅱ处于热力学稳定状态。

5.1.2.2　硫酸钙的各种变体在不同条件下的转化动力学

含钙物质被硫酸分解后生成硫酸钙沉淀，由于半水硫酸钙形成时所需的晶格能最小，因此硫酸钙将首先以半水硫酸钙形式结晶析出，而后根据分解过程所处的条件不同，转化为该条件下的稳定结晶形式[4-6]。

塔佩洛娃(Таперова)和舒里金娜(Шулъгина)以半水硫酸钙为起点，研究了 $CaSO_4$–H_3PO_4–H_2O 系统中半水硫酸钙吸水转化过程和脱水转化过程[7]。吸水转化过程是在图 5.2 的区域Ⅱ中实现的，是二水物流程的生产控制区；脱水转化过程是在图 5.2 的区域Ⅲ中实现的，是半水物流程及无水物流程的控制区域。

通过研究发现，在半水硫酸钙吸水转化为二水硫酸钙的过程中，随着磷酸浓度的增大和温度的提高，半水硫酸钙吸水转化为二水硫酸钙的速度逐渐减慢。

在半水硫酸钙脱水转化为无水硫酸钙的过程中，随着磷酸浓度的增大和温度的提高，半水硫酸钙脱水转化为无水硫酸钙的速度逐渐增大。

吴佩芝等[4]以半水硫酸钙为起点，研究了 $CaSO_4$-H_3PO_4-H_2SO_4-H_2O 系统中半水硫酸钙脱水转化为无水硫酸钙的过程。在研究过程中，固定体系温度为 90 ℃，磷酸浓度为 60%，在硫酸浓度为-1%(加入相当于此硫酸浓度的 CaO，使溶液中钙离子过量)～5%范围内研究了脱水过程的转化速率随硫酸浓度的变化。通过试验发现，随着体系中硫酸浓度的提高，转化速率明显提高，当溶液中不存在硫酸根离子且钙离子过量时，半水物结晶在很长的时间内保持介稳定状态，半水物脱水转化为无水物的潜期长达 76 h，完全转化时间为 127 h；提高溶液中的硫酸浓度，半水物脱水转化为无水物的潜期及完全转化期都明显缩短，当溶液中硫酸浓度为 5%时，脱水转化潜期及完全转化时间分别为 4 h 及 9 h。

由以上讨论可知，随着磷酸浓度的增大和温度的提高，半水硫酸钙吸水转化为二水硫酸钙的速度逐渐减慢；随着磷酸浓度、硫酸浓度的增大和温度的提高，半水硫酸钙脱水转化为无水硫酸钙的速度逐渐增大。

在硫酸与电尘反应的过程中，硫酸与电尘中的钙反应生成硫酸钙，由于电尘中钙含量较高，反应过程中硫酸钙的生成量较大，并且生成的硫酸钙可能以几种不同的形式存在，反应过程中应考察硫酸钙的存在形式及其对反应过程的影响。

5.1.3 电尘中的硅酸盐与硫酸之间的反应

电尘中含有无定型玻璃体硅酸盐，硫酸与电尘反应过程中硅酸盐溶解并生成硅胶，生成的硅胶可能影响反应的进行。为了考察硅胶对反应过程的影响，应考察电尘中硅酸盐的存在形态、不同形态的硅酸盐在酸性溶液中的分解特性以及反应过程生成的硅胶在不同条件下的转化过程，具体讨论如下。

5.1.3.1 电尘中硅酸盐的形态及分解特性

在黄磷生产过程中，原料中的二氧化硅与矿石中的钾、钠、钙、镁、铝等金属氧化物在高温下反应生成熔融态的玻璃体，当熔融态玻璃体随气体从反应体系逸出后，由于温度迅速降低，在快速冷却的条件下这些玻璃体无法转化成晶体而形成非晶态的玻璃体。黄磷电炉烟尘中玻璃体的生成过程与煤燃烧烟尘中玻璃体的生成过程具有相似之处。

研究发现，煤燃烧烟尘中非晶态的玻璃体占二氧化硅总含量的70%以上，而且这些非晶态的玻璃体大部分可溶于酸性溶液[8]。

对煤燃烧烟尘的成分比较详细的研究发现，煤燃烧烟尘中含有较多的无定型玻璃体硅酸盐，并且这些无定型的玻璃体硅酸盐能溶于酸性或碱性溶液[9-17]。

Terry 等[18, 19]详细讨论了硅酸盐的结构对硅酸盐溶解过程的影响，对于不同结构的硅酸盐，其与酸性物质反应的难易程度不同，下面从两个方面讨论影响硅酸盐分解的因素。

1)硅酸盐中的金属离子性质对硅酸盐分解过程的影响

二氧化硅是架状结构，硅氧四面体通过桥氧共顶连接成三维网状结构。在高温下碱金属或碱土金属作为网络修饰体进入桥氧连接处，$[SiO_4]^{4-}$四面体中尚未平衡电荷的O^{2-}离子可以和这些碱金属或碱土金属离子键合，氧原子剩余的负电荷通过与这些金属离子的配位而平衡，不再和另一四面体中的Si^{4+}离子以共价键相配合。这样，相对于原来的立体网状结构，玻璃态硅酸盐的结构较为疏松。

根据电荷平衡理论，在水溶液中氢离子H^+也可以取代金属离子而中和$[SiO_4]^{4-}$四面体中的负电荷，继而相互间通过氢键形成聚合态硅胶。一般来说，硅酸盐中 Me—O(Me 代表金属离子，后同)键的键能比 Si—O 键的键能弱，因此硅酸盐中的金属离子易于与酸反应。在某些硅酸盐体系内，硅酸盐的反应性能在很大程度上是由 Me—O 键的强弱决定的。金属阳离子对氧的极化能是决定 Me—O 键强弱的重要因素。金属阳离子对氧的极化能的半定量指数可以用阳离子的离子势(离子电荷数/离子半径)表示，Me—O 键的强度与阳离子极化能之间的关系如图 5.8 所示。值得注意的是

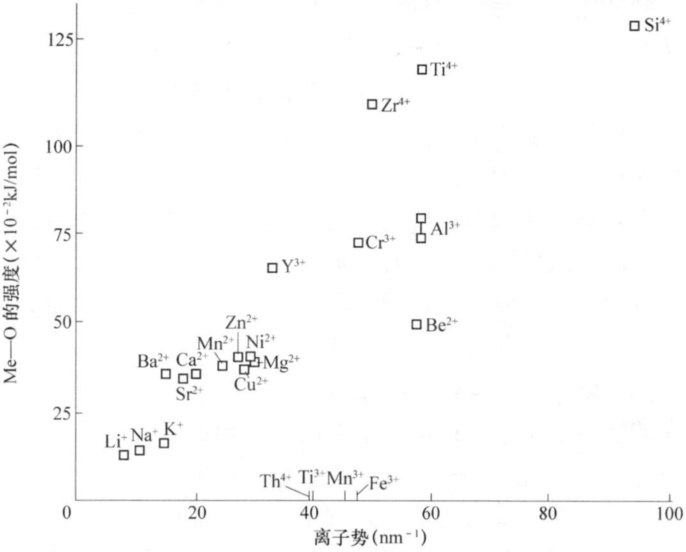

图 5.8　Me—O 键的强度与阳离子极化能之间的关系

Si—O 键强度特别高，$[SiO_4]^{4-}$也非常稳定；对于离子极化能较高的金属，Me—O 键的强度特别高，很难与酸反应，例如铍的硅酸盐和锆的硅酸盐极难与酸作用，通常需对这些硅酸盐矿进行热处理，使之发生晶型转变，造成结构上的缺陷来加速酸溶；离子势低的阳离子，如钾、钠、钙、镁的硅酸盐易溶于酸中。

2)硅酸盐的结构因素对硅酸盐分解特性的影响

硅酸盐对酸的稳定性是由硅酸盐中金属离子的性质和硅酸盐的结构因素共同决定的，而硅酸盐结构的影响更为直接。要使金属阳离子从硅酸盐中溶出，必须要求酸进入硅酸盐骨架内部。Marshall[20]指出，在硅酸盐内，阳离子同阴离子的比例是影响其稳定性的重要因素。如果阳离子同阴离子的比值较大，则阳离子没有受到硅氧四面体的很好掩护，在晶体的外表面就容易发生化学反应；如果阳离子同阴离子的比值较小，阳离子被硅氧四面体包围，则硅酸盐不易被酸分解，阳离子不易溶出。

从图 3.1 的电尘 XRD 图及图 3.2 的电尘 FT–IR 图中可以发现电尘中含有较多的无定型玻璃体硅酸盐；玻璃体结构中的钾、钠、钙、镁、铝等金属离子的离子势较低，有利于硅酸盐的溶解；但由于玻璃体是无定型物质，其中钾、钠、钙、镁、铝等金属离子的含量以及玻璃体的结构可能不均一，因此导致有些硅酸盐玻璃体容易溶解于酸性溶液，而有些玻璃体不容易被酸性溶液分解。对于本试验中使用的电尘，通过化学物相分析发现其中酸溶性的二氧化硅约占二氧化硅总含量的 54%。

5.1.3.2　酸溶过程中二氧化硅的形态

在酸性溶液中，当硅酸盐溶解时，溶出的二氧化硅浓度往往超出单体二氧化硅的平衡浓度，这会引起过饱和溶液中的二氧化硅发生聚合。在硅酸盐的溶解过程中，硅酸盐中的金属阳离子被氢离子取代后溶出，因而可以认为聚合作用是硅羟基(—SiOH)的缩合作用产生的[18, 19, 21, 22]，聚合过程经过羟连和氧连步骤，以两个原硅酸分子聚合为例：

$$2Si(OH)_4 \rightarrow (HO)_3Si\overset{\overset{\displaystyle H}{|}}{O}\cdots H—OSi(OH)_3$$

$$(HO)_3Si\overset{\overset{\displaystyle H}{|}}{O}\cdots H—OSi(OH)_3 \rightarrow (OH)_3—SiOSi—(OH)_3+H_2O$$

在硅酸的聚合过程中，使硅氧键的数目尽可能达到最多，而未缩合的硅羟基的数目尽可能最少。在二氧化硅聚合的最初阶段会形成环状结构，并立即因单体的加入而转变成球形分子，一旦形成球形分子，分子内部便继续脱水而形成基本上不含水的二氧化硅内核，在外表面则布满 SiOH 基团。这些球形分子又作为胶体的核心而形成较大的胶体颗粒。这些胶体颗粒可能形成稳定的二氧化硅溶胶，也可能因胶体颗粒的相互聚集而形成二氧化硅凝胶或无定型二氧化硅沉淀。影响二氧化硅胶体粒子聚合的因素主要有温度、pH 值和离子强度。随着温度的升高，二氧化硅胶体粒子的运动速度增大，胶体粒子之间的碰撞次数增加，并且胶体粒子具有较大的动能，胶体粒子碰撞之后聚合的可能性较大，因此随着温度的提高，胶体粒子聚集的速度增大。pH 值对胶体离子聚合过程的影响比较复杂，在 pH 值等于 2 左右时，二氧化硅胶体溶液最稳定，胶体颗粒之间的聚集速度最慢；当 pH 值小于 2 时，随着 pH 值的降低，胶体颗粒稳定性降低，聚集速度增大；当 pH 值大于 2 时，随着 pH 值的升高，胶体颗粒稳定性降低，聚集速度增大；当 pH 值大于 5 时，由于胶体颗粒表面电荷增加，胶体颗粒稳定性增加，聚集速度降低。溶液的离子强度也影响胶体颗粒的聚集速度，增加溶液中的电解质浓度可以使胶体颗粒表面的电荷降低，因而会增加胶体颗粒的聚集速度。图 5.9 说明了胶体颗粒聚集过程中 pH 值和离子强度对胶体颗粒聚集速度的影响。

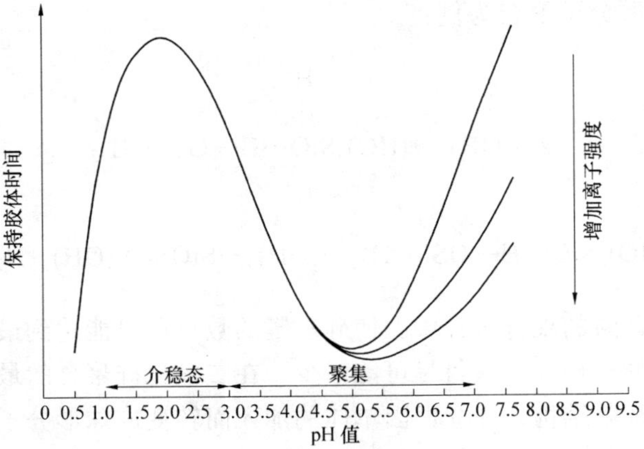

图 5.9　离子强度和 pH 值对胶体颗粒聚集速度的影响

从以上讨论可以看出，电尘中含有较多的酸溶性玻璃体硅酸盐，在电尘熟化预处理过程中，电尘中的酸溶性玻璃体硅酸盐与硫酸反应生成硅胶。由于熟化过程是在高温高酸条件下进行的，反应生成的硅胶在高温高酸条件下脱水而形成聚合度较高的 SiO_2，具体反应过程如下所示：

电尘中的玻璃体硅酸盐与硫酸反应生成 H_2SiO_3

$$MeSiO_3+H_2SO_4=H_2SiO_3+MeSO_4 \tag{5.9}$$

其中 Me 代表金属离子。

H_2SiO_3 在高温、高酸下聚合、脱水，先生成水合 $SiO_2 \cdot nH_2O$，在强脱水条件下，可能逐渐脱水形成二氧化硅

$$H_2SiO_3=SiO_2+H_2O \tag{5.10}$$

另外，氟离子的存在还能加快硅酸的聚合速度，并使硅酸稳定曲线向较高 pH 值方向移动[23]。在黄磷电炉烟尘的硫酸分解过程中，电尘中的含硅物质溶解生成硅胶，在液固比较高的情况下，硅胶的影响不太显著，而在液固比较低的情况下，料浆十分黏稠，硅胶的影响作用比较大。

5.1.4　氟硅酸钾的生成反应

黄磷电炉烟尘中氟含量较高，约为 4.19%。在用硫酸分解电尘的过程中，氟化物与硫酸反应生成氟化氢，生成的氟化氢一部分以气体的形式从反应体系逸出，一部分溶于水生成氢氟酸，然后与黄磷电炉烟尘中的二氧化硅反应生成氟硅酸 H_2SiF_6[4]：

$$6HF + SiO_2=H_2SiF_6 + 2H_2O \tag{5.11}$$

生成的氟硅酸有一部分分解为氟化氢和四氟化硅从反应体系中逸出，由于黄磷电尘中含有 8.89%的 K_2O，还有一部分氟硅酸会与钾离子反应生成难溶性的氟硅酸钾沉淀[24, 4]：

$$H_2SiF_6 + 2K^+=K_2SiF_6\downarrow + 2H^+ \tag{5.12}$$

电尘酸解过程中氟硅酸钾的生成过程与湿法磷酸生产过程中氟硅酸钾的生成过程相似，有关氟硅酸钾对磷矿石酸解反应的影响未见报道，有关氟硅酸钾对过滤过程的影响报道较多。反应过程中生成的氟硅酸钾对过滤过程的主要影响是在过滤过程中阻塞滤布滤孔，并且这些沉淀很难从滤布上清洗下来。

磷矿分解过程中，氟的逸出量随湿法磷酸生产流程的不同而有较大的差异，随着反应体系温度的提高以及磷酸和硫酸浓度的提高，氟的逸出量逐渐增加。对于二水物流程，由于反应温度和酸度较低，氟的逸出率为 1%～2%；对于无水物流程，氟的逸出率较高，例如在戴维森无水物流程[25-27]中，氟的逸出率为 88%。

由以上讨论可以看出，提高反应过程的温度和酸度有利于氟的逸出，从而使反应体系中氟硅酸钾的含量降低，有利于固液分离过程的进行。在电尘浓酸熟化预处理过程中，反应体系的温度和酸度都比较高，可以推测在此反应条件下有利于电尘中氟的逸出，由于氟的逸出率较高，氟硅酸钾的生成量较少，氟硅酸钾对预处理过程及浸出过程的影响较弱。

5.2 电尘浆浓酸熟化预处理过程及其规律

为了采用浓酸熟化预处理—浸出法从电尘中有效地回收镓和磷,以下研究电尘预处理过程中各种因素对镓和磷提取率的影响,并对各种因素的影响进行分析从而找出适宜的浸取条件。

5.2.1 采用正交试验法考察预处理过程中各因素对镓和磷提取率的影响

试验过程中首先采用正交试验法考察了硫酸加入量、预处理时间与预处理温度对粒径小于 0.417 mm 电尘中镓提取率的影响。在试验过程中，每次取 25 g 电尘，按正交表排列的顺序选择不同的硫酸加入量，将硫酸直接加入未经调浆的电尘中，在不同的温度下预处理一定时间，然后用水提取经预处理后物料中的镓。编制的正交试验设计与镓的提取率如表 5.1、表 5.2，以及图 5.10~图 5.12 所示。

表 5.1 正交试验中不同预处理条件下镓的提取率

试验次数	加酸量(g/25g)	温度(℃)	时间(h)	镓提取率(%)
1	10	100	1	42.36
2	10	150	2	49.24
3	10	200	3	48.88
4	15	150	3	78.21
5	15	200	1	76.04
6	15	100	2	73.14
7	20	200	2	80.02
8	20	100	3	76.40
9	20	150	1	76.40

表 5.2　正交试验中不同预处理条件下镓的提取率数据处理结果

项目	不同加酸量	不同温度	不同时间
位级Ⅰ三次浸出率平均值(%)	46.82	63.97	64.93
位级Ⅱ三次浸出率平均值(%)	75.79	67.95	67.47
位级Ⅲ三次浸出率平均值(%)	77.61	68.31	67.83
极差(%)	30.79	4.34	2.90

注：位级Ⅰ表示试验条件为加酸量 10 g/25 g、温度 100 ℃、反应时间 1 h；位级Ⅱ表示试验条件为加酸量 15 g/25 g、温度 150 ℃、反应时间 2 h；位级Ⅲ表示试验条件为加酸量 20 g/25 g、温度 200 ℃、反应时间 3 h。

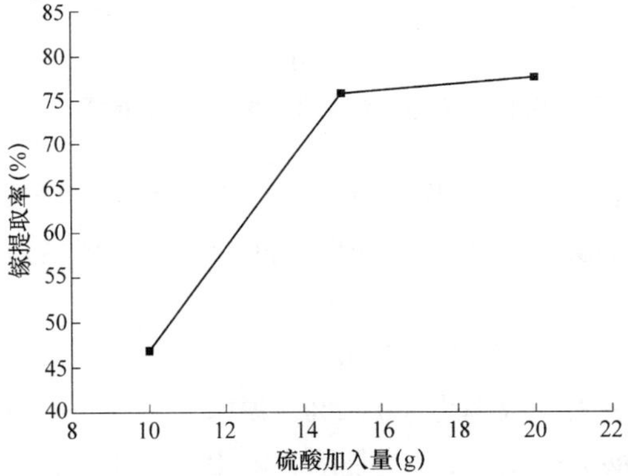

图 5.10　硫酸加入量对镓提取率的影响

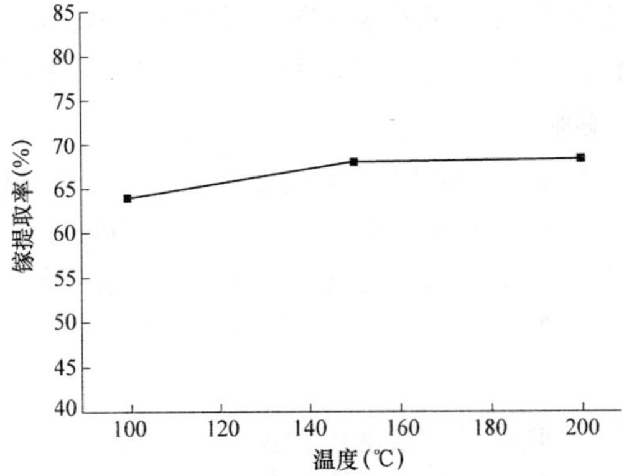

图 5.11　预处理温度对镓提取率的影响

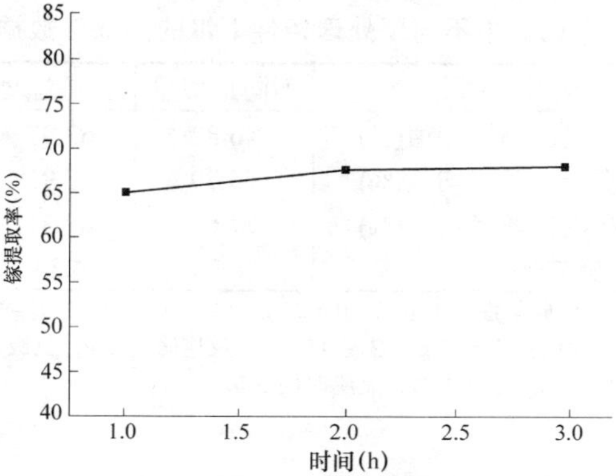

图 5.12　预处理时间对镓提取率的影响

由表 5.1、表 5.2 及图 5.10~图 5.12 可以看出，浓硫酸加入量对镓提取率的影响最大，预处理时间和预处理温度对镓提取率的影响较小。

由表 5.1、表 5.2 及图 5.10~图 5.12 还可以看出，在正交试验过程中镓的最大提取率为 80.02%，说明还有一部分镓在预处理过程中未与硫酸完全反应，可能是因为电尘不加水直接与浓硫酸混合时，反应物料比较黏稠，不利于硫酸与电尘均匀混合，因此又在加水的条件下考察了预处理过程中各种因素对镓和磷提取率的影响。

5.2.2　采用条件试验考察预处理过程中各种因素对镓和磷提取率的影响

在条件试验过程中，每次用 50 g 电尘，加入一定量的水，在烧杯中混合，然后加入浓硫酸，混合均匀。为了保持一定的反应温度，将电尘浆和浓硫酸混合之后，放入事先调至一定温度的烘箱中，在此温度下预处理一定时间，然后用水从预处理物料中浸出镓和磷。

预处理过程中主要考察电尘粒度、加水量、加酸量、预处理时间和熟化温度对镓和磷提取率的影响，经预处理的物料均在液固比 4∶1、温度 80 ℃、搅拌速度 800 r/min 条件下浸出 2 h。

5.2.2.1　预处理过程中电尘粒度对镓和磷提取率的影响

分别称取粒径小于 0.417 mm、小于 0.104 mm、小于 0.043 mm 的电尘各 50 g，加水 50 g 搅拌制成料浆，然后拌入 50 g 浓硫酸，并分别在 100 ℃、150 ℃和 200 ℃下保温 2 h，如此预处理后电尘中镓和磷的提取率如表 5.3 和表 5.4 所示。

表 5.3　电尘粒度和预处理温度对镓提取率的影响

粒径(mm)	不同温度条件下的镓提取率(%)		
	100 ℃	150 ℃	200 ℃
<0.417	82.46	85.27	89.16
<0.104	84.42	87.50	89.55
<0.043	89.21	89.58	90.09

1)镓的提取率随预处理温度和电尘粒度的变化

不同粒度的电尘在不同温度下预处理后镓的提取率如表 5.3 所示。

由表 5.3 可以看出，大粒度不利于硫酸与电尘的作用，从而使镓的提取率降低，且在温度较低，如 100 ℃时尤甚。这是因为电尘与硫酸混合过程中由于生成硫酸钙和硅胶等不溶性物质，造成反应体系黏度较大，不利于硫酸与电尘颗粒的混合，同时硫酸钙和硅胶等不溶性物质还可能包裹在电尘颗粒表面，颗粒的粒度较大时，不利于电尘与硫酸的反应。

由表 5.3 还可以看出，熟化温度的提高可促进硫酸与电尘之间的作用，使镓提取率因粒度造成的差别缩小，当预处理温度为 200 ℃时，在所研究的粒度范围内，镓的提取率几乎不受影响。这是因为提高预处理温度可以提高硫酸向未反应电尘颗粒中的扩散速度，同时提高电尘与硫酸之间的反应速率常数，从而使电尘的转化率提高。

2)磷的提取率随预处理温度和电尘粒度的变化

不同粒度的电尘在不同预处理温度下预处理后磷的提取率如表 5.4 所示。

表 5.4　电尘粒度和预处理温度对磷提取率的影响

粒径(mm)	不同温度条件下的磷提取率(%)		
	100 ℃	150 ℃	200 ℃
＜0.417	93.72	94.03	94.99
＜0.104	94.67	94.86	94.99
＜0.043	95.07	95.44	94.98

由表 5.4 可以看出，预处理温度和电尘粒度对磷的提取率影响较小，这是因为电尘颗粒粒度较大及反应温度较低时，预处理过程中有一部分电尘未与硫酸完全反应。预处理过程中未反应的电尘在提取过程中与浸出液中的硫酸接触而发生反应，由于电尘中的磷化合物比较容易溶于稀酸，预处理过程中未反应的磷化合物在浸出过程中基本完全溶解。

5.2.2.2　预处理过程中加水量对镓和磷提取率的影响

预处理过程中加水量对镓和磷提取率的影响如图 5.13 所示。

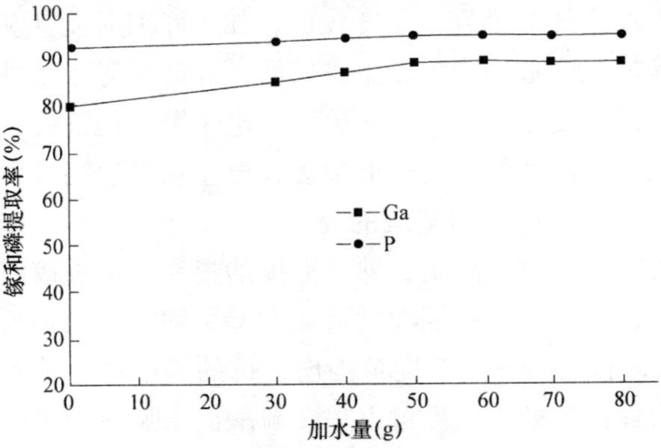

图 5.13　加水量对镓和磷提取率的影响

(粒径小于 0.417 mm，电尘 50 g，浓硫酸 50 g，熟化温度 200 ℃，熟化时间 2 h)

从图 5.13 可以看出，加水量对镓和磷提取率的影响程度不同，以下分别讨论加水量对镓和磷提取率的影响。

1)加水量对镓提取率的影响

由图 5.13 可以看出，随着加水量的增加，镓的提取率逐渐增加，当电尘与水的质量比达到 1∶1 时，电尘中的酸溶性镓接近全部溶解，表明电尘与硫酸反应近乎完全。显然，不加水或加水量太少时，硫酸与电尘不易混合均匀，妨碍硫酸与电尘充分反应。相反，加入适量的水将电尘调成浆状然后加入硫酸更便于电尘与硫酸均匀混合并反应。而且，水的存在可使硫酸拌入时放出大量的稀释热，有利于硫酸与电尘之间的反应。

为了深入研究预处理过程中加水量对镓提取率的影响，采用 SEM 和 XRD 方法考察了不加水熟化产物和加水熟化产物的形态及组成。

电尘不加水直接加酸，混合均匀后预处理 2 h，产物剖面的背散射图如图 5.14 所示。从图 5.14 中可以看出，产物中存在较暗区域，推测电尘不加水直接加酸熟化 2 h 后仍有一部分电尘未反应，较亮区域和较暗区域的 EDS 图(能量散射 X 射线谱图)如图 5.15 和图 5.16 所示，从图 5.15 和图 5.16 中可以发现，较亮区域处有硫元素分布，较暗区域处没有硫元素分布；从图 5.17 所示放大的 A 区背散射图及图 5.18 所示放大的 A 区硫元素面分布图也可以看出，较暗区域无硫元素分布，较亮区域有硫元素分布。由以上讨论可以发现较暗区域中的电尘没有与硫酸反应，即不加水直接加酸条件下不利于电尘和硫酸均匀混合。

电尘不加水直接加酸，在 200 ℃条件下预处理 2 h，产物 XRD 图如图 5.19 所示。

从图 5.19 中可以看出，电尘不加水直接拌酸保温 2 h，产物 XRD 图中仍存在较弱的磷灰石衍射峰，说明电尘不加水直接加酸保温 2 h 后仍有一部分电尘未与硫酸反应。

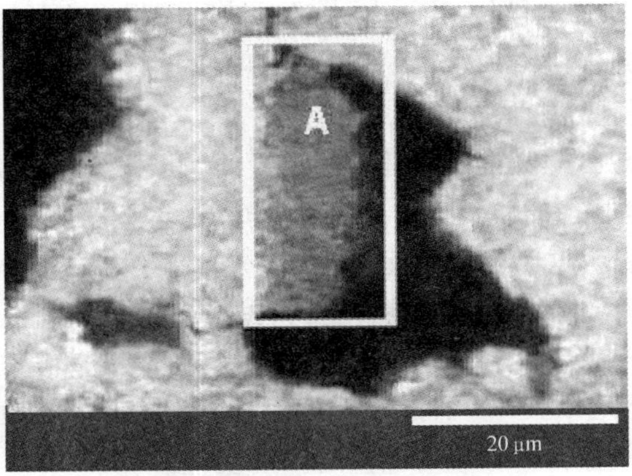

图 5.14　电尘不加水直接加酸预处理 2 h 产物剖面的背散射图

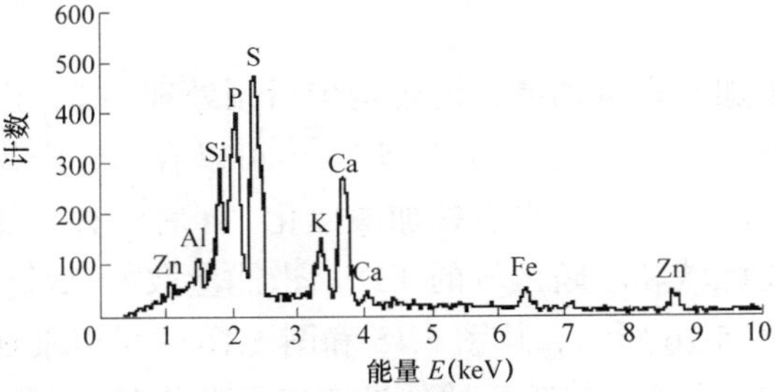

图 5.15　较亮区域的 EDS 图

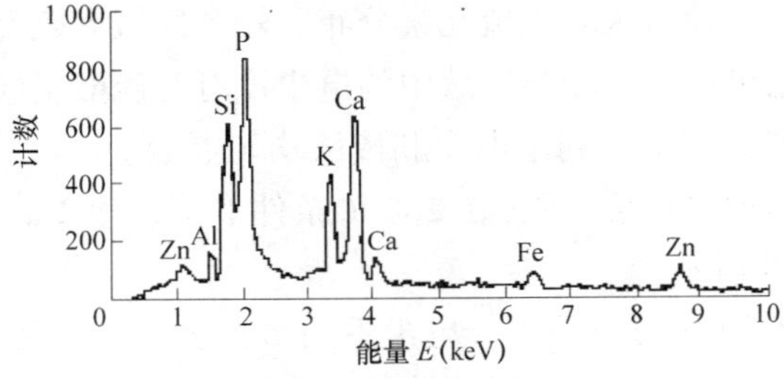

图 5.16　较暗区域的 EDS 图

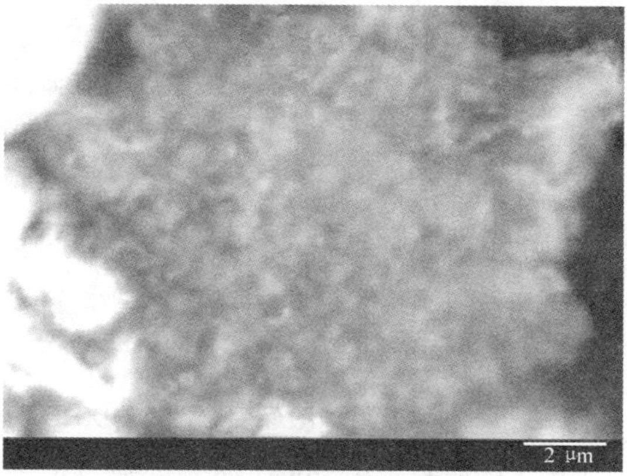

图 5.17　电尘不加水直接加酸预处理 2 h 产物剖面中放大的 A 区背散射图

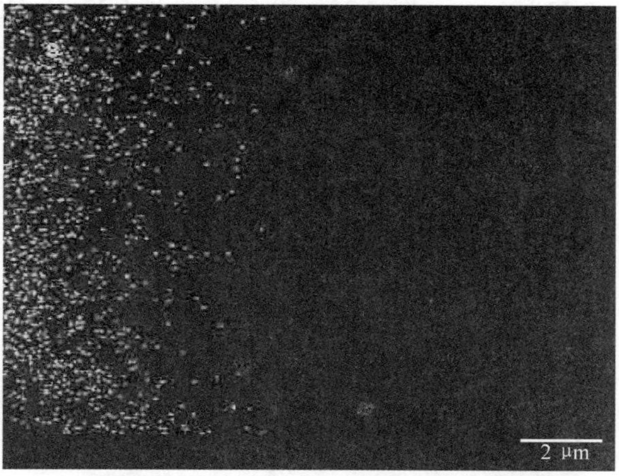

图 5.18　电尘不加水直接加酸预处理 2 h 产物剖面中放大的 A 区硫元素面分布图

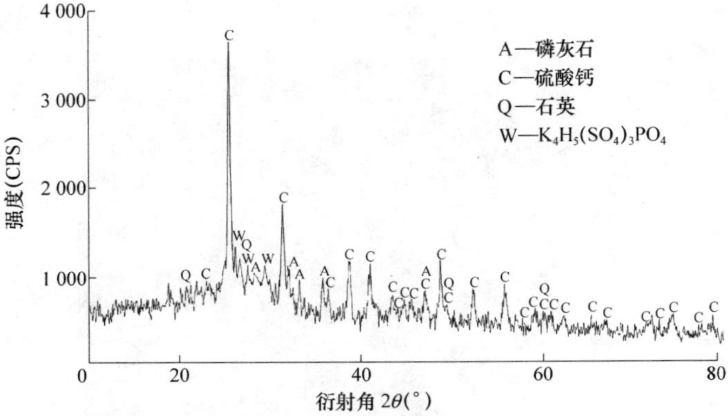

图 5.19　不加水直接加酸保温 2 h 产物 XRD 图

电尘先加水然后加酸，在 200 ℃下预处理 2 h，产物剖面的背散射图如图 5.20 所示。从图 5.20 中可以看出，产物不同区域处亮度比较一致(图中黑色部分为黏合剂)，说明电尘与硫酸混合得比较均匀，产物剖面较亮区的 EDS 图及硫元素面分布图如图 5.21 和图 5.22 所示，从图 5.20、图 5.21 和图 5.22 中可以看出，电尘先加水调浆然后加酸在 200 ℃下预处理 2 h 后，硫酸均匀分

图 5.20　电尘先加水然后加酸预处理 2 h 产物剖面的背散射图

布在产物中，说明电尘先加水然后加酸，反应 2 h 后电尘与硫酸均匀混合，即电尘先加水然后加酸，预处理 2 h 后电尘与硫酸能够比较完全地反应。

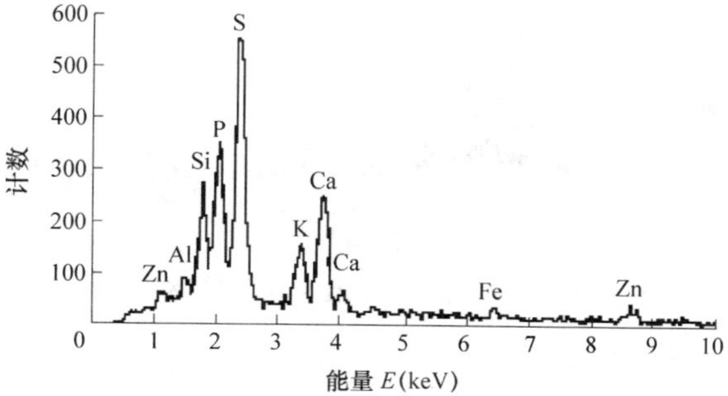

图 5.21　电尘先加水然后加酸预处理 2 h 产物剖面的 EDS 图

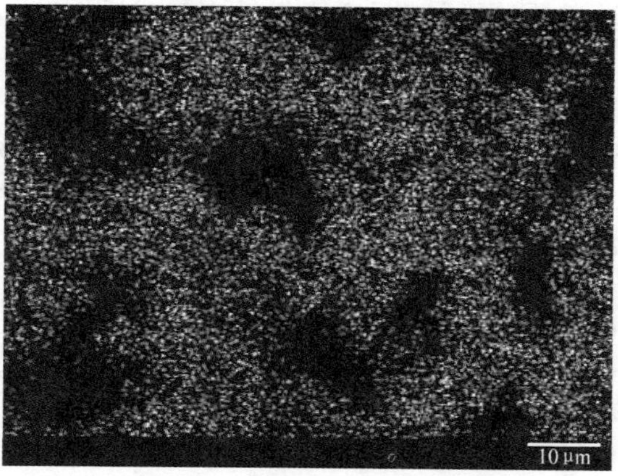

图 5.22　电尘先加水然后加酸预处理 2 h 产物剖面的硫元素面分布图

电尘先加水调浆，然后加酸，在 200 ℃下保温 2 h，产物的 XRD 图如图 5.23 所示，从图 5.23 中可以看出，熟化产物中磷灰石的衍射峰消失，说明电尘先加水调浆然后加酸，在 200 ℃下反应 2 h 后，电尘与硫酸完全反应。

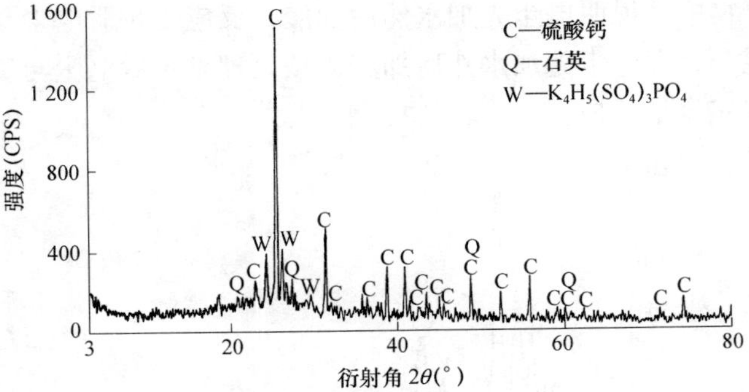

图 5.23 加水加酸保温 2 h 产物 XRD 图

2)加水量对磷提取率的影响

从图 5.13 中可以看出，预处理过程中加水量对磷提取率的影响较小，这是因为加水量较少时，在预处理过程中有一部分电尘未与硫酸反应，熟化过程中未反应的电尘在浸出过程中与浸出液中的硫酸接触而发生反应，由于电尘中的磷比较容易溶解于稀酸溶液，预处理过程中未反应的磷化合物在浸出过程中基本完全溶解。

电尘不加水直接加酸，在 200 ℃下保温 2 h，产物浸出渣的 XRD 图如图 5.24 所示，从图 5.24 中可以看出，浸出渣中磷灰石的衍射峰消失，说明熟化过程中未与硫酸反应的磷灰石在浸出过程中基本完全溶解。

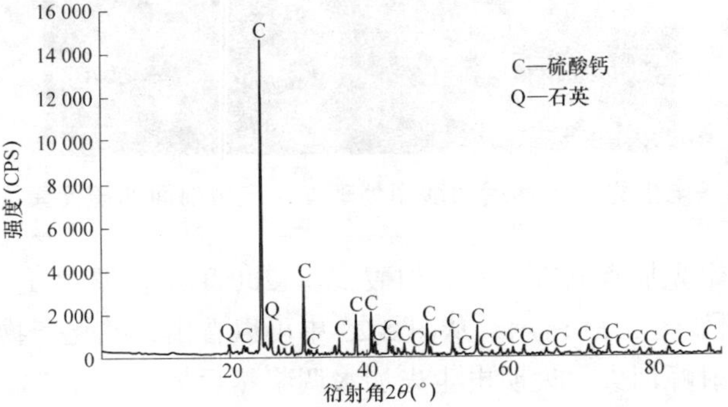

图 5.24 不加水直接加酸保温 2 h 产物浸出渣 XRD 图

5.2.2.3　预处理过程中熟化时间对镓和磷提取率的影响

预处理过程中熟化时间对镓和磷提取率的影响如图 5.25 所示。

从图 5.25 中可以看出，电尘加水拌酸后不经熟化直接提取，其中镓的提取率仅有 75.24%；随着熟化时间的延长，镓的提取率逐渐上升，熟化 2 h 后，镓的提取率可达 89.16%。熟化时间进一步延长，提取率几乎不变。

从图 5.25 中还可以看出，熟化时间对磷提取率的影响较小，这是因为熟化时间较短时，在熟化过程中有一部分电尘未与硫酸反应，预处理过程中未反应的电尘在浸出过程中与浸出液中的硫酸接触而发生反应，由于电尘中的磷比较容易溶解于稀酸，预处理过程中未反应的磷化合物在浸出过程中基本完全溶解。

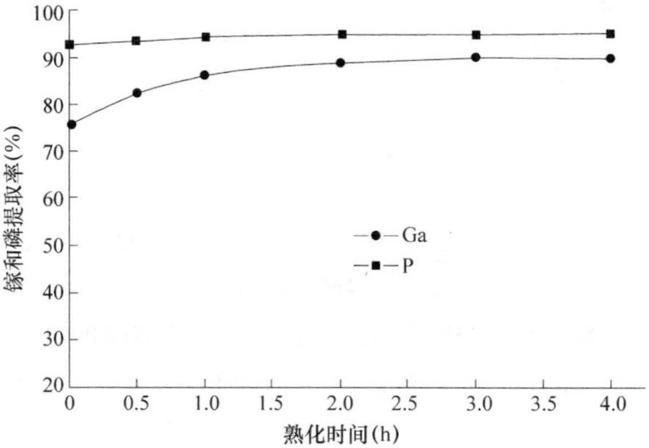

图 5.25　熟化时间对镓和磷提取率的影响

(粒径小于 0.417 mm 电尘 50 g，水 50 g，浓硫酸 50 g，熟化温度 200 ℃)

5.2.2.4　预处理过程中硫酸加入量对镓和磷提取率的影响

预处理过程中硫酸加入量对镓和磷提取率的影响如图 5.26 所示。

从图 5.26 中可以看出，随着硫酸加入量的增加，镓提取率逐渐上升。当硫酸加入量接近 50 g(硫酸：电尘=1：1)时，提取率已达最大。此后进一步提高硫酸加入量并无更大好处，因此取硫酸与电尘的质量比 1∶1 进行电尘预处理。

由图 5.26 还可以看出，预处理过程中硫酸加入量对磷提取率有较大影响，当预处理过程中硫酸加入量较少时，磷的提取率较低，这是因为当硫酸加入量较少时，浸出过程中浸出液的酸度较低，预处理过程中未反应的磷化合物在浸出过程中不能完全溶解，造成磷的提取率降低。随着预处理过程中硫酸加入量的增加，磷提取率逐渐增加，当硫酸的加入量与电尘的质量比大于 1∶1 以后，电尘中的磷基本完全浸出。

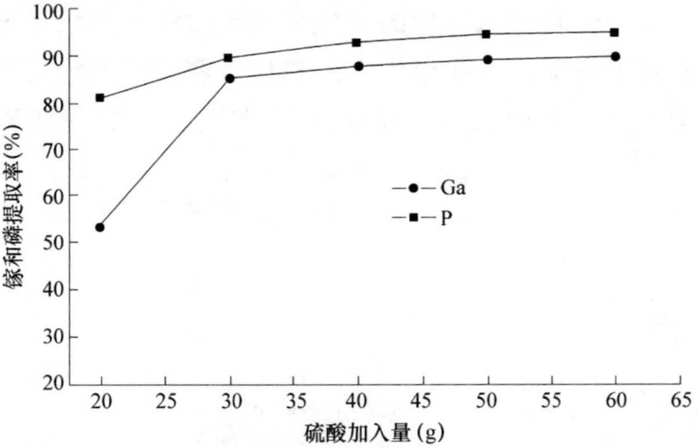

图 5.26 硫酸加入量对镓和磷提取率的影响

(粒径小于 0.417 mm 电尘 50 g，水 50 g，熟化温度 200 ℃，熟化时间 2 h)

5.2.2.5 预处理温度对电尘中镓和磷提取率的影响

预处理温度对电尘中镓和磷提取率的影响如图 5.27 所示。

从图 5.27 中可以看出，在不同的预处理温度范围内，预处理温度对镓和磷提取率的影响程度不同，以下分别讨论低温熟化过程及高温熟化过程中温度对镓和磷提取率的影响。

1)低温熟化过程中温度对电尘中镓提取率的影响

由图 5.27 可以看出，当预处理温度在 100 ℃至 200 ℃之间变化时，随着温度的上升，镓的提取率逐渐上升。

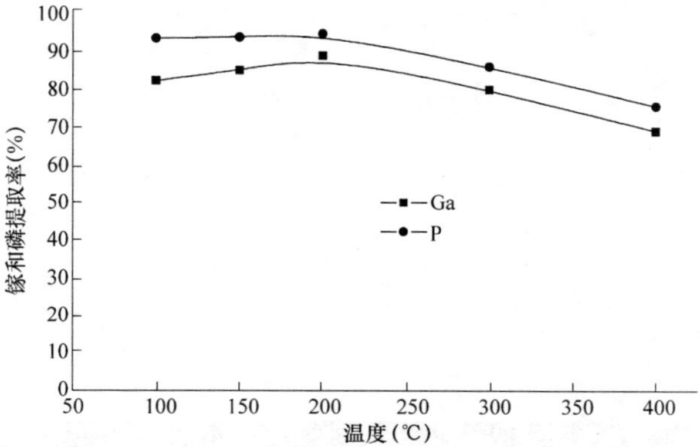

图 5.27　预处理温度对镓和磷提取率的影响

(粒径小于 0.417mm 电尘 50 g,水 50 g,浓硫酸 50 g,熟化时间 2 h)

为了深入研究预处理过程中温度对电尘中镓提取率的影响，采用 SEM 方法和 XRD 方法考察了未保温预处理产物及在 200 ℃下保温 2 h 预处理产物的形态和组成。

电尘先加水调浆然后加入浓硫酸混合均匀未保温条件下，产物剖面的背散射图如图 5.28 所示。从图 5.28 中发现较大颗粒 A 和较小颗粒 B 的颜色比周围区域的颜色深,其中颗粒 A 为浅灰色，颗粒 B 为深灰色。电尘未与硫酸反应时其背散射图像颜色较深，电尘与硫酸反应后生成大量的硫酸钙，产物的背散射图像颜色亮度较高，推测颗粒 A 和颗粒 B 可能未与硫酸完全反应。

颗粒 A 的局部区域的背散射图如图 5.29 所示，从图 5.29 中可以发现，中间区域颜色较深，周围区域颜色亮度较高。颗粒 A 的局部区域的硫元素面分布图如图 5.30 所示，从图 5.30 中可以发现，颗粒 A 中间区域无硫元素分布，周围区域有硫元素分布，说明硫酸未扩散至中间部分的电尘中。

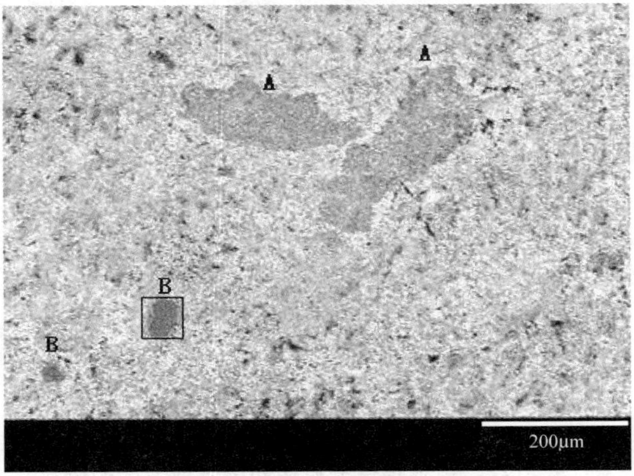

图 5.28　电尘加水加酸混合均匀未保温条件下产物剖面的背散射图

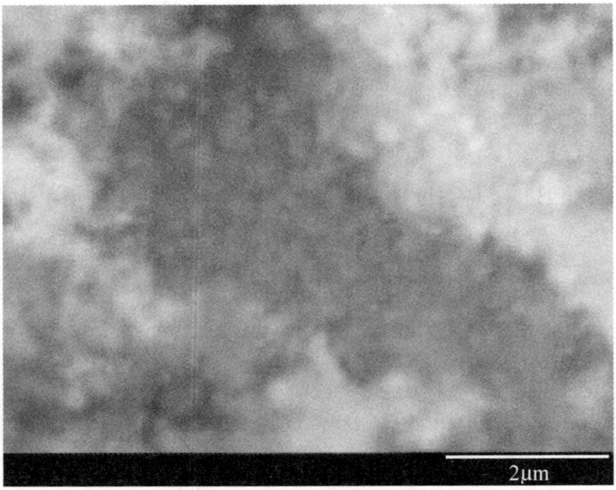

图 5.29　颗粒 A 的局部区域的背散射图

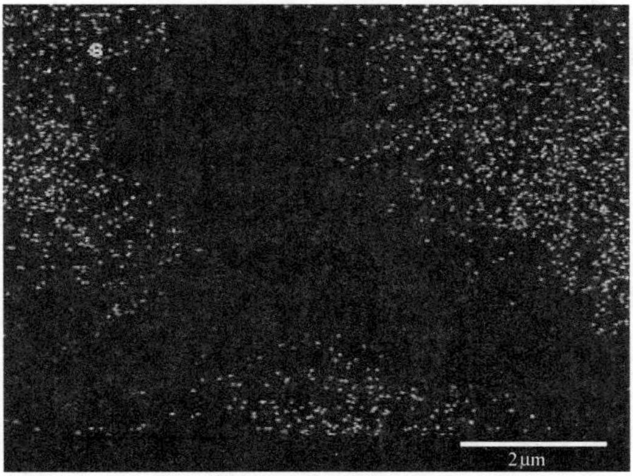

图 5.30　颗粒 A 的局部区域的硫元素面分布图

颗粒 B(图 5.28 中加框部分)及周围区域的背散射图如图 5.31 所示。从图 5.31 中可以发现，周围区域颜色亮度较高，中间区域颜色较暗。颗粒周围反应区和颗粒内部未反应区的 EDS 图如图 5.32 和图 5.33 所示，电尘颗粒 B 及周围区域的硫元素面分布图如图 5.34 所示。从图 5.32、图 5.33 和图 5.34 中可以看出，颗粒 B 中间区域无硫元素分布，周围区域有硫元素分布，说明硫酸未扩散至颗粒内部。

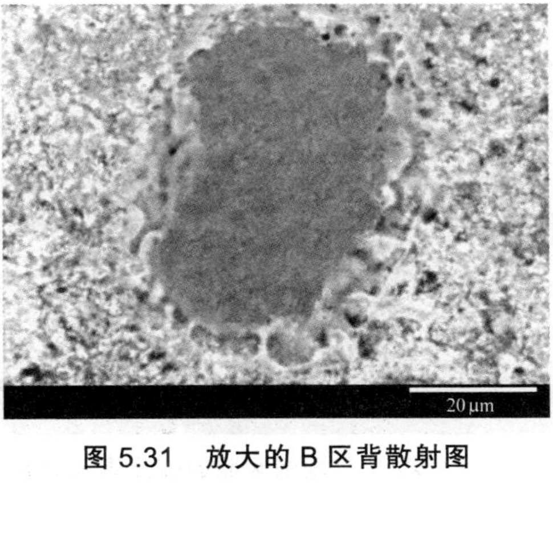

图 5.31　放大的 B 区背散射图

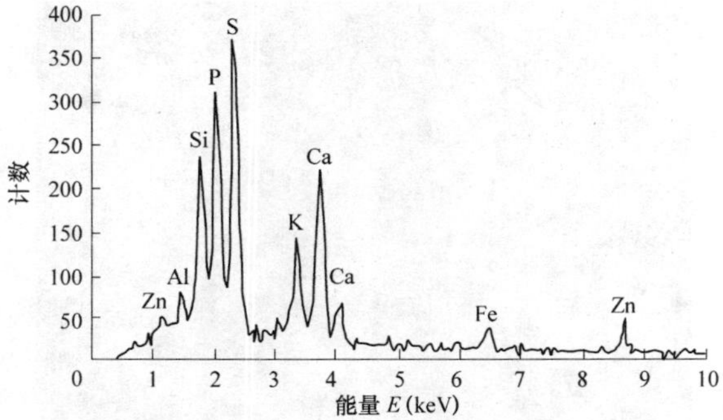

图 5.32　未反应颗粒 B 周围区域的 EDS 图

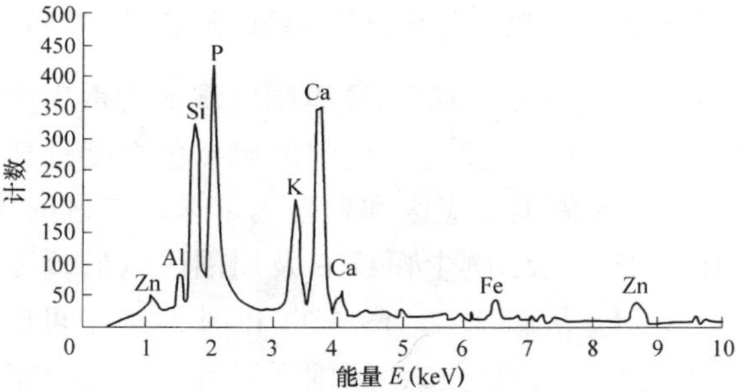

图 5.33　未反应颗粒 B 内的 EDS 图

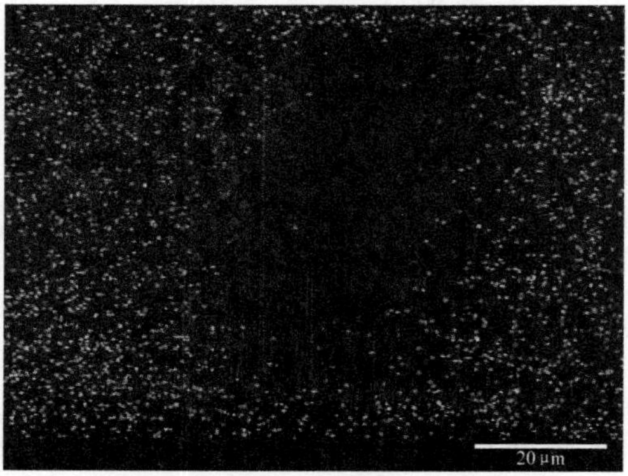

图 5.34　颗粒 B 及周围区域的硫元素面分布图

由以上讨论可以看出，未保温条件下，在电尘与硫酸混合过程中，由于电尘与硫酸反应生成硫酸钙和硅胶，使产物黏度增大，造成一些颗粒不能与硫酸混合，即在电尘与硫酸混合过程中，电尘并不能完全被硫酸分解。

电尘先加水调浆然后加入浓硫酸混合均匀未保温，产物的 XRD 图如图 5.35 所示，从图 5.35 中可以看出，电尘先加水调浆然后加入浓硫酸未保温条件下，产物 XRD 图中仍存在较弱的磷灰石的衍射峰，说明电尘未与硫酸完全反应。

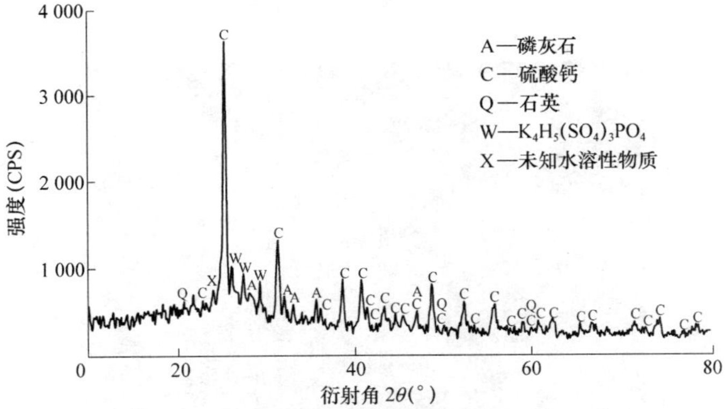

图 5.35　加水加酸未保温产物 XRD 图

电尘中含有磷灰石和玻璃体硅酸盐，硫酸与电尘反应后生成的硫酸钙和硅胶有可能妨碍硫酸与电尘的进一步作用。考察图 5.36 中 B 区钙元素的分布和图 5.37 中 B 区硅元素的分布可以发现，B 区内外钙元素和硅元素分布均匀，B 区边界未见钙元素和硅元素密集，由此推断电尘颗粒表面无致密的硫酸钙包裹层或硅胶包裹层形成，说明浓硫酸熟化的操作模式可以消除硫酸钙和硅胶对熟化过程及浸出过程的影响。

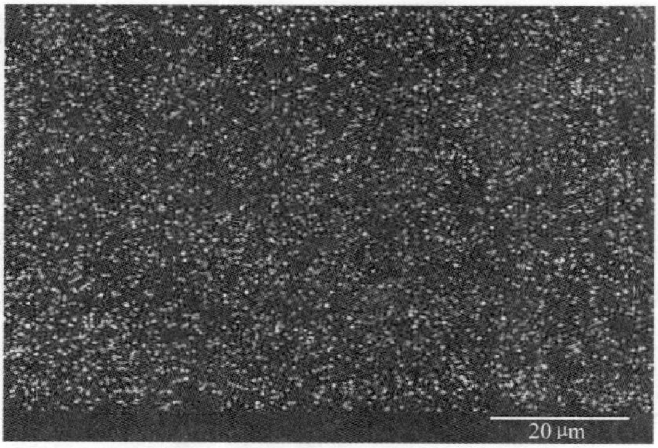

图 5.36　B 区钙元素面分布图

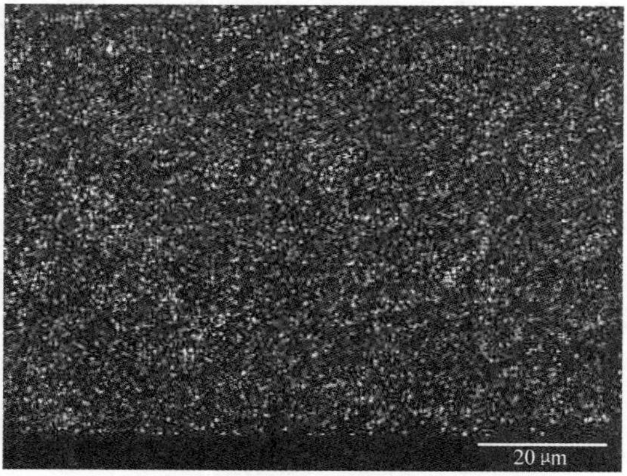

图 5.37　B 区硅元素面分布图

电尘加水拌酸后在 200 ℃下熟化 2 h，其产物剖面的背散射图、EDS 图及硫元素面分布图如图 5.20、图 5.21 和图 5.22 所示，产物的 XRD 图如图 5.23 所示。从图 5.20~图 5.23 中可以看出，电尘拌酸后在 200 ℃下预处理 2 h，硫酸与电尘均匀混合并且磷灰石的衍射峰消失，说明保温熟化过程有利于硫酸与电尘完全反应。

2)低温熟化过程中温度对电尘中磷提取率的影响

从图 5.27 中可以看出，当反应温度在 100~200 ℃范围内变化时，反应温度对电尘中磷提取率的影响较小，这是因为反应温度较低时，在预处理过程中有一部分电尘未与硫酸完全反应，熟化过程中未反应的电尘在浸出过程中与浸出液中的硫酸接触而发生反应，由于电尘中的磷化合物比较容易溶解于稀酸溶液，预处理过程中未反应的磷化合物在浸出过程中基本完全溶解。

电尘加水加酸未保温条件下预处理产物浸出渣的 XRD 图如图 5.38 所示。从图 5.38 可以看出，电尘加水加酸未保温条件下产物浸出渣中磷灰石的衍射峰消失，说明熟化过程中未与硫酸反应的磷灰石在浸出过程中与硫酸反应而溶解。

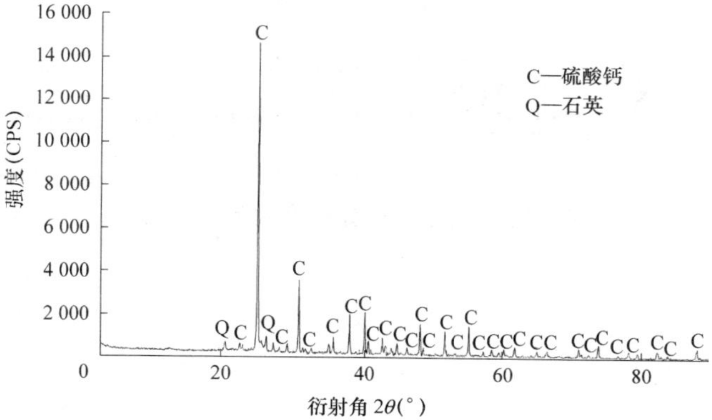

图 5.38　加水加酸未保温产物提取渣 XRD 图

3)高温熟化过程中温度对电尘中镓和磷提取率的影响

从图 5.27 中可以发现，当预处理温度为 200 ℃时，镓和磷的提取率达到一极大值，继续提高预处理温度，镓和磷的提取率随预处理温度的提高而降低。通过 XRD 分析发现在高温下生成了难溶性的物质，400 ℃条件下预处理产物及浸出渣的 XRD 图如图 5.39 和图 5.40 所示，在预处理产物及浸出渣的 XRD 图中均存在如图中

S 所示的衍射峰，说明这些衍射峰是不溶性物质的衍射峰，根据这些衍射峰的衍射角检索晶体 X 射线衍射数据库可知该不溶性物质的组成为 $KAl_{0.5}Fe_{0.5}P_2O_7$。由于在高温下反应生成了不溶性物质，在浸出过程中难以浸出包裹在这些难溶性物质中的镓和磷，造成镓和磷的提取率降低，由此可见预处理温度在 200 ℃左右比较合适。

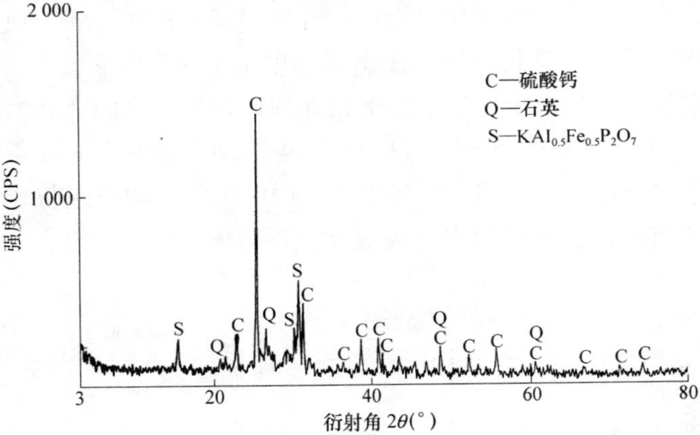

图 5.39　400 ℃预处理产物的 XRD 图

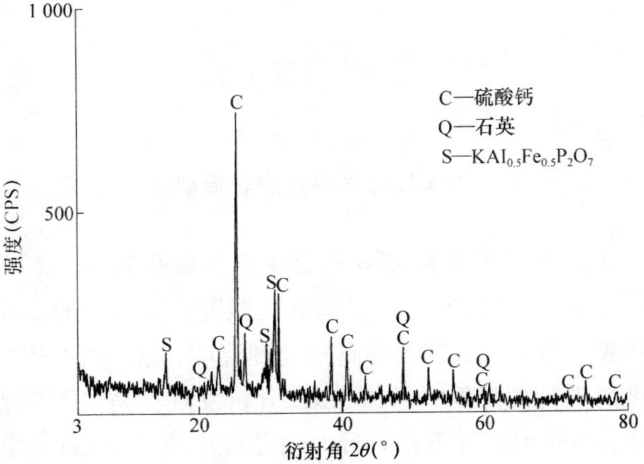

图 5.40　400 ℃预处理产物浸出渣的 XRD 图

5.3　硫酸钙、硅胶和氟硅酸钾的形态及其对预处理过程的影响

硫酸与电尘反应过程中有硫酸钙、硅胶和氟硅酸钾生成，下面分别讨论这些物质的形态及其对电尘预处理过程的影响。

5.3.1　硫酸钙的形态及其对预处理过程的影响

5.3.1.1　硫酸钙的形态

在预处理过程中电尘中的含钙化合物与硫酸反应生成硫酸钙，从不同条件下预处理产物及浸出渣的 XRD 图可以发现，预处理产物及浸出渣中硫酸钙的形式均为无水硫酸钙。这是因为在预处理过程中反应体系的温度和硫酸浓度都比较高，生成的硫酸钙为无水硫酸钙，预处理过程中生成的无水硫酸钙在浸出体系的温度和酸度条件下处于热力学稳定状态，在浸出过程中，无水硫酸钙的形式没有发生变化。

5.3.1.2　硫酸钙对预处理过程的影响

电尘中的氧化钙含量为 14.90%，在预处理过程中电尘中的含钙化合物与硫酸反应生成硫酸钙，由于硫酸钙不溶于水且生成量较多，造成反应体系黏度增大，不利于硫酸与电尘的混合。电尘熟化一定时间后，硫酸与电尘完全反应，说明反应生成的硫酸钙虽然不利于硫酸与电尘之间的混合但不影响硫酸与电尘之间完全反应。

5.3.2　硅胶的形态及其对预处理过程的影响

5.3.2.1　硅胶的形态

电尘中含有玻璃体硅酸盐，在电尘预处理过程中，硫酸与电尘中的硅酸盐玻璃体反应生成硅胶，由于硅胶为非晶体结构，无法从不同预处理条件下产物及浸出渣的 XRD 图上观察硅胶的形态。根据硅胶的性质推测熟化物料经保温以后，硅胶可能发生脱水反应而使体积收缩并转化为晶态二氧化硅，通过考察不同预处

理条件下产物浸出渣的 XRD 图可以发现，不加水直接加酸保温条件下产物浸出渣的 XRD 图(见图 5.24)中石英最强衍射峰的强度与无水硫酸钙最强衍射峰的强度的比值为 14：100，加水加酸未保温产物浸出渣的 XRD 图(见图 5.38)中石英最强衍射峰的强度与无水硫酸钙最强衍射峰的强度的比值为 6：100，加水加酸保温 2 h 产物浸出渣的 XRD 图(见图 5.41)中石英最强衍射峰的强度与无水硫酸钙最强衍射峰的强度的比值为 12：100，说明电尘中有一部分含硅化合物在预处理过程中被硫酸分解生成硅胶，并且有一部分硅胶在高温下脱水而转化为晶态二氧化硅。

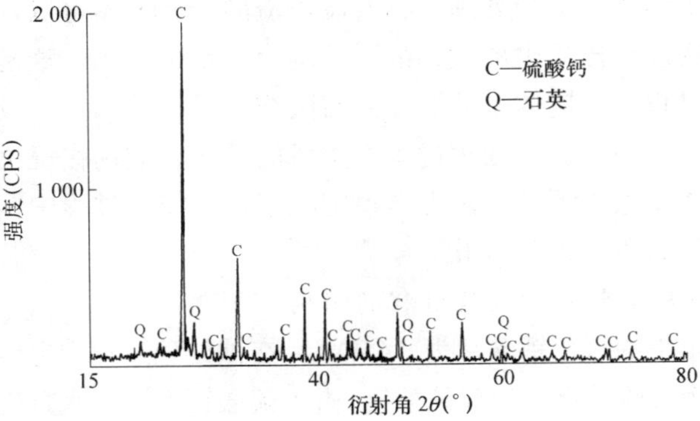

图 5.41　加水加酸在 200 ℃下保温 2 h 产物浸出渣 XRD 图

同时从试验中还发现，电尘浆拌酸后不经熟化直接浸出，浆料黏稠，过滤速度较慢，而熟化 2 h 后再提取，浆料黏度较低，过滤速度较快。说明电尘中有一部分含硅化合物在预处理过程中被硫酸分解生成硅胶，在保温熟化过程中硅胶脱水而使聚合度提高，从而有利于料浆的过滤。

5.3.2.2　硅胶对预处理过程的影响

在电尘预处理过程中，电尘中的玻璃体硅酸盐与硫酸反应生成硅胶，生成的硅胶使反应体系的黏度增大不利于硫酸与电尘的混合。电尘熟化一定时间后，硫酸与电尘完全反应，说明反应生成的硅胶虽然不利于硫酸与电尘之间的混合但不影响硫酸与电尘之间完全反应。

5.3.3　氟硅酸钾的形态及其对预处理过程的影响

从不同预处理条件下熟化产物的 XRD 图中未发现氟硅酸钾的衍射峰，说明在预处理过程中未生成氟硅酸钾或生成的氟硅酸钾的量很少。这可解释为在高温及缺水条件下，生成的氟化氢(HF)气体大部分挥发出反应体系，少量的氟化氢(HF)溶于水生成氢氟酸(HF)而与二氧化硅反应生成氟硅酸(H_2SiF_6)，生成的氟硅酸(H_2SiF_6)大部分分解为氟化氢(HF)和四氟化硅(SiF_4)，少量的氟硅酸(H_2SiF_6)与钾离子反应生成氟硅酸钾(K_2SiF_6)，且该反应为一可逆反应，在高温及高酸条件下不利于反应向右进行，因此反应过程中生成的氟硅酸钾(K_2SiF_6)量很少，氟硅酸钾(K_2SiF_6)对预处理过程的影响较小。

电尘直接酸浸过程中氟的逸出率较低(氟的逸出率为 1%～2%)，采用预处理—水浸法从电尘中回收镓的过程中氟的逸出率较高(氟的逸出率在 80%以上)。由于料浆含氟量较高时，在过滤过程中氟硅酸钾容易堵塞滤布，可以推测电尘采用浓硫酸预处理后再浸出，在浸出过程中氟对过滤过程的影响较小。

综上所述，采用预处理—水浸法可以有效地回收电尘中的镓和磷，反应过程中生成的硫酸钙和硅胶虽然不利于电尘与硫酸的混合，但在电尘的预处理过程中不影响硫酸与电尘完全反应，电尘预处理过程中生成的硅胶在高温下脱水而使聚合度提高，在浸出过程中有利于料浆的过滤；反应过程中未生成氟硅酸钾或生成的量很少，氟硅酸钾对预处理过程的影响很小，由于采用预处理—水浸法电尘中氟的逸出率较高，电尘采用浓硫酸预处理后再浸出，在浸出过程中氟对过滤过程的影响较小。

5.4　预处理产物组成及水溶性物质在预处理产物中的分布

5.4.1　预处理产物组成

为了考察不同条件下预处理产物的组成，研究了不同条件下预处理产物及浸出渣的 XRD 图和 FT–IR 图，不加水直接加酸在 200 ℃下保温 2 h 产物的 XRD 图如图 5.19 所示，浸出渣的 XRD 图如图 5.24 所示；加水加酸未保温产物的 XRD 图如图 5.35 所示，浸出渣的 XRD 图如图 5.38 所示；加水加酸在 200 ℃下保温 2 h 产物的 XRD 图如图 5.23 所示，浸出渣的 XRD 图如图 5.41 所示；不加水直接加酸在 200 ℃下保温 2 h 产物的 FT–IR 图如图 5.42 所示，浸出渣的 FT–IR 图如图 5.43 所示；加水加酸未保温产物的 FT–IR 图如图 5.44 所示，浸出渣的 FT–IR 图如图 5.45 所示；加水加酸在 200 ℃下保温 2 h 产物的 FT–IR 图如图 5.46 所示，浸出渣的 FT–IR 图如图 5.47 所示。

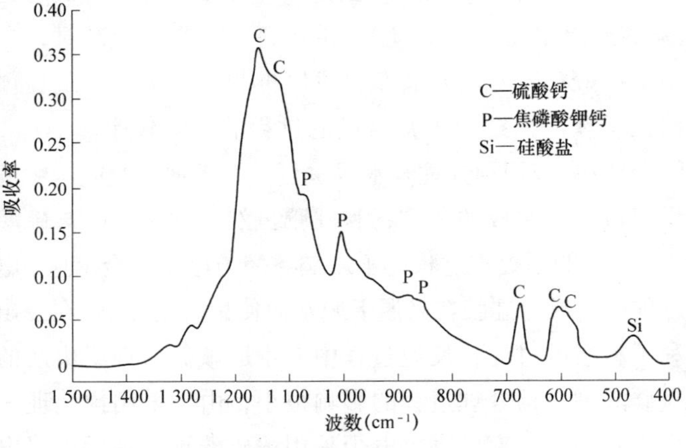

图 5.42　不加水直接加酸保温 2 h 产物 FT–IR 图

从不同条件下产物的 XRD 图中可以发现，在 2 θ值为 20°和 30° 之间存在一些浸出渣中所没有的衍射峰(如图 5.19、图 5.23、图 5.35 中 W 和图 3.35 中 X 所示)，说明这是一些水溶性物质的衍射峰，根据衍射峰的位置可以发现这些水溶性物质的主要成分为 $K_4H_5(SO_4)_3PO_4$(如图 5.19、图 5.23、图 5.35 中 W 所示)，图 5.35 中标有 X 的衍射峰为未知水溶性物质的衍射峰。

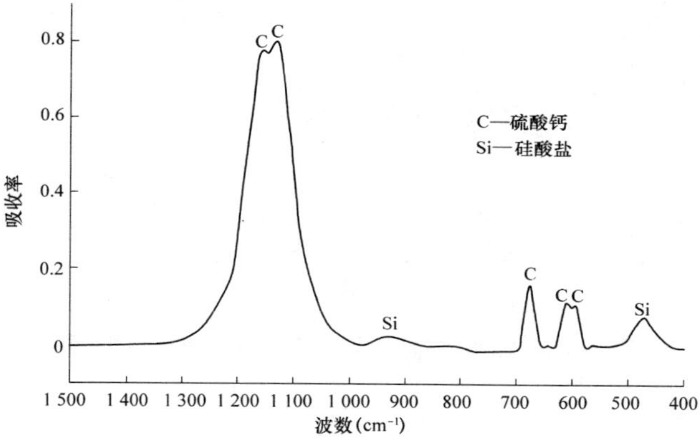

图 5.43　不加水直接加酸保温 2 h 产物浸出渣 FT-IR 图

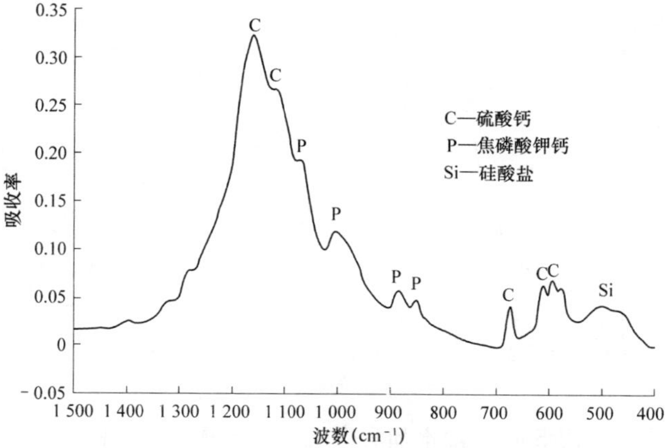

图 5.44　加水加酸未保温产物 FT-IR 图

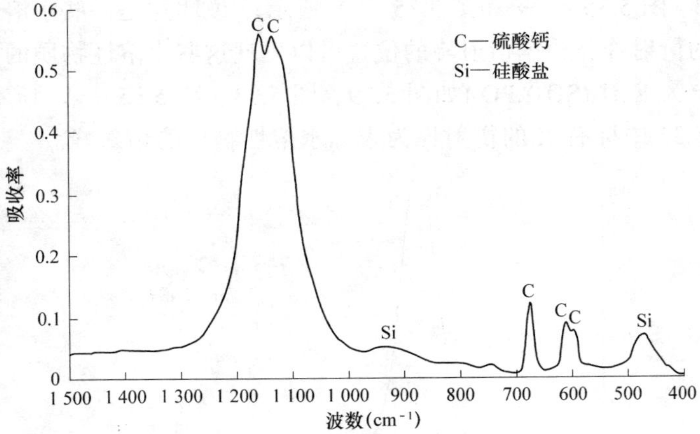

图 5.45　加水加酸未保温产物浸出渣 FT-IR 图

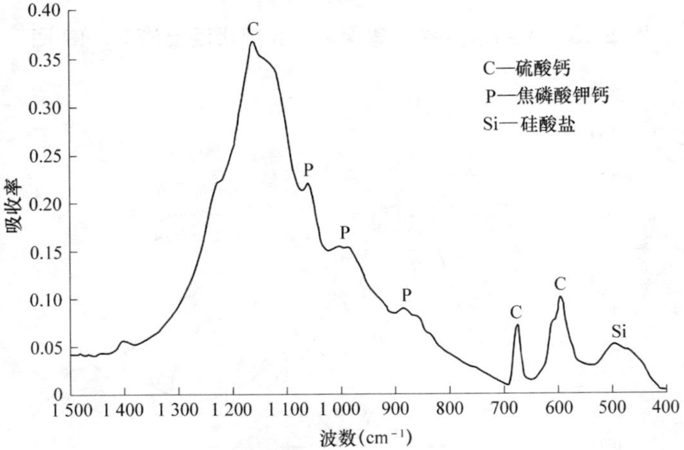

图 5.46　加水加酸保温 2 h 产物 FT-IR 图

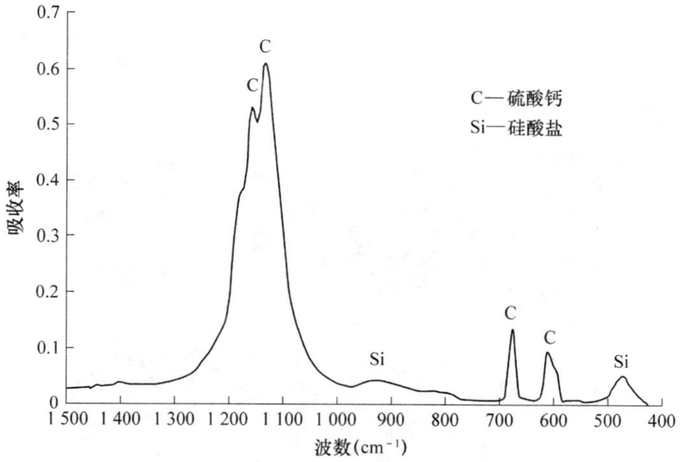

图 5.47　加水加酸保温 2 h 产物浸出渣 FT–IR 图

从产物的 FT–IR 图中可以发现，在波数为 1 070 cm^{-1}、1 006 cm^{-1}、883 cm^{-1} 及 850 cm^{-1} 附近存在一些提取渣中所没有的吸收峰，说明这是一些水溶性物质的吸收峰。根据吸收峰的波数，可以发现这些水溶性物质的主要成分为含磷酸根的物质，其中 883 cm^{-1} 及 850 cm^{-1} 处的吸收峰为 P—OH 键的振动吸收峰，说明中间产物中含有酸性磷酸盐，可能是 $K_4H_5(SO_4)_3PO_4$ 化合物中 P—OH 键的振动吸收峰。

5.4.2　预处理产物中水溶性物质的分布

在电尘的预处理过程中，电尘中的镓和磷与硫酸反应生成水溶性物质，同时电尘中的含钙化合物和含硅化合物与硫酸反应生成硫酸钙和硅胶，由于含镓和磷的化合物均匀分布在电尘中，同时含钙和硅的化合物也均匀分布在电尘中，可以推测预处理过程中生成的含磷和镓的水溶性物质均匀分布在硫酸钙和硅胶等水不溶性物质中，预处理物料中镓的分布如图 5.48 所示，磷的分布如

图 5.49 所示。从图 5.48 和图 5.49 中可以看出，镓和磷元素均匀分布在预处理产物中，电尘预处理产物中不溶性物质较多，渣率为 65.5%，在浸出过程中水溶性镓和磷需从水不溶性硫酸钙和硅胶等物质中逐渐溶解。

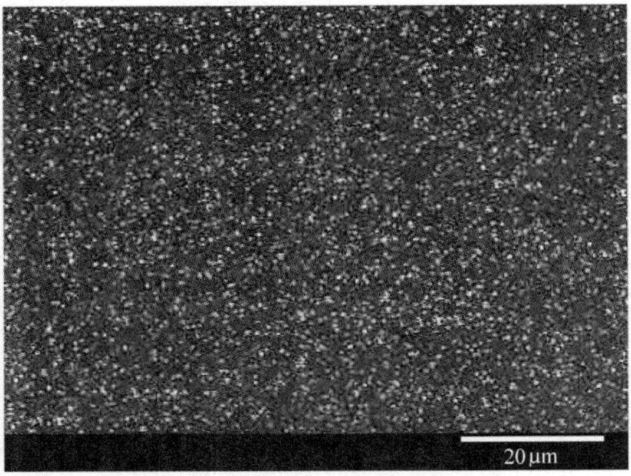

图 5.48　预处理产物中镓元素面分布图

图 5.49　预处理产物中磷元素面分布图

5.5 预处理过程试验结论

5.5.1 预处理过程中各种操作条件对镓和磷提取率的影响

考察了电尘在不同预处理条件下预处理后镓和磷的提取率，发现：

(1)在一定的预处理温度下，随着电尘粒径的降低，镓的提取率提高，因此降低电尘颗粒的粒径可以提高镓的提取率。

(2)镓的提取率随预处理过程中加水量的不同而变化，当 50 g 电尘的加水量从 30 g 增加到 50 g 时，随着加水量的增加，镓的提取率逐渐上升，加水量大于 50 g 以后，继续提高加水量，镓的提取率不再变化，因此预处理过程中水的加入量应为每 50 g 电尘加 50 g 水。水的加入不仅改善了硫酸与电尘的作用，而且水与硫酸混合时放出大量的稀释热进一步促进了这一作用。

(3)随着预处理时间的增加，镓的提取率逐渐上升，当预处理时间大于 2 h 以后，进一步提高预处理时间，镓的提取率提高幅度很小。

(4)镓的提取率随硫酸加入量的提高而增加，当 50 g 电尘的硫酸加入量大于 50 g(硫酸：电尘=1：1)以后，进一步提高硫酸加入量，镓的提取率提高幅度很小。

(5)电尘拌酸后保温陈化(熟化)1 ~ 2 h 有利于电尘的转化，既提高了镓的提取率，又改善了物料的固液分离性能。熟化温度以 200 ℃为最佳。高于此温度则因生成难溶性的磷酸盐而导致镓的提取率降低。

(6)预处理过程中电尘粒度、加水量和预处理时间对磷提取率的影响较小；在 100 ℃至 200 ℃范围内，预处理温度对磷提取率的影响较小，大于 200 ℃以后，磷的提取率随预处理温度的升高而降低；预处理过程中硫酸加入量对磷提取率的影响较大，随着预处理过程中硫酸加入量的增加，磷提取率逐渐增加，当 50 g 电尘的加酸量达到 50 g 时，电尘中的磷基本完全提取。

5.5.2 硫酸钙、硅胶和氟硅酸钾对预处理过程的影响

预处理过程中生成的硫酸钙和硅胶不利于电尘与硫酸的混合，但不影响硫酸与电尘完全反应；在电尘预处理过程中反应生成的硅胶在高温下脱水而使聚合度提高，在提取过程中有利于料浆的过滤。反应过程中未生成氟硅酸钾或生成的量很少，氟硅酸钾对预处理过程的影响很小；由于采用预处理—水浸法电尘中氟的逸出率较高，电尘采用浓硫酸预处理后再浸出，在浸出过程中氟对过滤过程的影响较弱。

5.5.3 预处理产物中水溶性物质的存在形式

反应过程中生成的含镓和磷的水溶性物质与硫酸钙及硅胶等水不溶性物质均匀地混合在一起，在浸出过程中水溶性物质需从水不溶性物质中逐渐浸出。

5.5.4 预处理过程适宜的操作条件及该方法的特点

综上所述，利用浓硫酸预处理电尘是浸出其中镓和磷的一种有效方法，它可将电尘中的镓和磷转化成水溶性化合物，然后用水溶解浸出。通过试验确定的预处理条件为电尘、水、硫酸的质量比为 1∶1∶1，在 200 ℃下预处理 2 h。利用浓硫酸预处理电尘具有硫酸用量少，浸出液中镓和磷浓度高，熟化过程有利于硅胶的脱水聚合，氟的逸出率高，有利于浸出及过滤过程的进行等优点。

参考文献

[1] 陈五平.无机化工工艺学(三)化学肥料[M]. 北京：化学工业出版社, 1989:213,215.

[2] Slack A V. 磷酸，上册[M]. 广东化工学院无机物工学教研组，

译. 北京：石油化学工业出版社, 1976:61,113.

[3] Perry R H.化学工程手册. 上卷[M]. 北京:化学工业出版社, 1992:3-96.

[4] 吴佩芝. 湿法磷酸. 1 版[M]. 北京:化学工业出版社，1987:74, 44,66,94.

[5] Таперова А А. Физико-химический Анализ в Области Сернокислотной Перераьотки Фосфатов IV. Система $CaSO_4–H_3PO_4–H_2O$[J]. Журнал Прикладной Химии, 1940, 13(5): 643-651.

[6] Таперова А А, Шулъгина М Н. Физико-химический Анализ в Области Сернокислотной Перераьотки Фосфатов V. Растворимость Сульфата Кальция в Водных Растворах Фосфорной Кислоты при 40, 60 и 90°C[J]. Журнал Прикладной Химии, 1945, 18(9-10): 521-528.

[7] Таперова А А, Шулъгина М Н. Кинетика Превращений Кристаллогидратов Сульфата Кальция в Присутстьии Фосфорной Кислоты[J]. Журнал Прикладной Химии, 1950, 23(1): 32-50.

[8] 诸培南，翁臻培. 燃料灰渣与工业废渣的显微结构[M]. 武汉：武汉工业大学出版社，1994.

[9] Behr-Andres C B, McDowell S D, Hutzler N J. Quantitative Mineral Determinations of Industrial Coal Ash[J]. Air & Waste, 1993, 43(9): 1245-1251.

[10] McCarthy G J, Swanson K D, Keller L P, et al.Mineralogy of Western Fly Ash[J]. Cement and Concrete Research, 1984, 14(4): 471-478.

[11] Norton G A, Markuszewskl R, Shanks H R. Morphological and Chemical Characterization of Iron-Rich Fly Ash Fractions[J]. Environmental Science and Technology, 1986, 20(4): 409-413.

[12] Diamond S. On the Glass Present in Low-Calcium and in High-Calcium Fly Ashes[J]. Cement and Concrete Research, 1983, 13(4): 459-464.

[13] Roode M V, Douglas E, Hemmings R T. X-Ray Diffraction Measurement of Glass Content in Fly Ashes and Slag[J]. Cement and Concrete Research, 1987, 17(2): 183-197.

[14] Yousuf M, Mollah A, Hess T R, et al. Surface and Bulk studies of Leached and Unleached Fly Ash Using XPS, SEM, EDS, and FT-IR Techniques[J]. Cement and Concrete Research, 1994, 24(1): 109-118.

[15] Kelmers A D, Canon R M, Egan B Z. Chemistry of the Direct Acid Leach, Calsinter, and Pressure Digestion-Acid Leach Methods for the Recovery of Alumina from Fly Ash[J]. Resources and Conservation, 1982(9): 271-279.

[16] Dobbing M S, Burnet G. Production of an Ore Concentrate from the Iron-rich Fraction of Power Plant Fly Ash[J]. Resources and Conservation, 1982(9): 231-242.

[17] Puertas F, Fernandez-Jimenez A. Mineralogical and Microstructural Characterisation of Alkali-activated Fly Ash/Slag Pastes[J]. Cement & Concrete Composites, 2003, 25(3): 287-292.

[18] Terry B. The Acid Decomposition of Silicate Minerals. Part I. Reactivities and Modes of Dissolution of Silicates[J]. Hydrometallurgy, 1983, 10(2): 135-150.

[19] Terry B. The Acid Decomposition of Silicate Minerals. Part Ⅱ. Hydrometallurgical Applications[J]. Hydrometallurgy, 1983, 10(2): 151-171.

[20] Marshall C E. The Physical Chemistry and Mineralogy of Soils. Vol. 1. Soil Materials[M]. New York：Wiley, 1964. 175.

[21] 戴安邦，江龙. 硅酸及其盐的研究 Ⅰ. 硅酸聚合的速度和机制[J]. 化学学报，1957, 23(2)：90-98.
[22] 朱屯，钱保华，陈荣三，等. 硅酸及其盐的研究 Ⅹ. 单硅酸聚合反应动力学[J]. 化学学报, 1981, 39(1)：1-10.
[23] 戴安邦，陈荣三. 硅酸及其盐的研究 Ⅴ. 氟离子和硅酸的聚合作用[J]. 化学学报, 1963, 29(6)：384-389.
[24] 加尔金，扎依采夫. 含氟气体的回收与加工[M]. 北京：化学工业出版社，1980: 41.
[25] Legal Jr C C, Pryor J N, Tongue T O,et al. Phosphoric Acid by Clinker Process[J]. Industrial and Engineering Chemistry, 1957, 49(3)：334-337.
[26] Mark S. Phosphoric Acid Manufacture. USA Pat: 2384773[P], 1945-09-11.
[27] Tongue T O, Wight E H, Legal Jr C C. Process of Manufacturing Phosphoric Acid. USA Pat: 2504544[P], 1950-04-18.

第 6 章 浸出过程

6.1 预处理物料浸出过程

电尘经预处理后，其中的镓和磷转化为水溶性化合物，可用热水浸出。浸出过程所用物料是 50 g 电尘加 50 g 水和 50 g 浓硫酸在 200 ℃下熟化 2 h 的反应产物。浸出过程在三口烧瓶中进行，用可控硅调速仪控制的直流电动机搅拌，为了使浸出过程液固比保持恒定，用冷凝管回收蒸发的水分，并将三口瓶置于恒温水浴中使浸出过程保持恒定的温度。下面主要考察搅拌速度、液固比、浸出温度和浸出时间对镓和磷浸出率的影响。

6.1.1 搅拌速度的影响

热水浸出过程中，搅拌速度对镓和磷浸出率的影响见图 6.1。

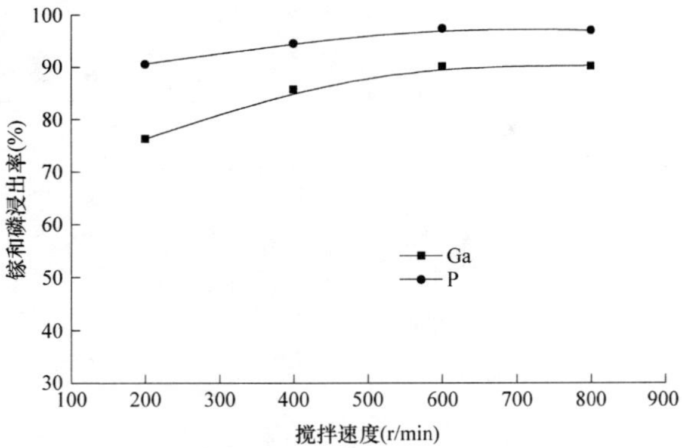

图 6.1 搅拌速度对镓和磷浸出率的影响

(温度 80 ℃，液固比 4:1，浸出 1 h)

由图 6.1 可以看出，随着搅拌速度的升高，镓和磷的浸出率逐渐提高，当搅拌速度大于 600 r/min 以后，镓和磷的浸出速率不受搅拌速度的影响，以下所有试验的搅拌速度定为 800 r/min。

6.1.2 液固比的影响

浸出过程液固比对镓和磷浸出率的影响见图 6.2。

由图 6.2 可以看出，随着液固比的提高，镓和磷的浸出率逐渐增大，当液固比大于 4:1 之后，进一步提高液固比，镓和磷的浸出率提高幅度很小，因此浸出过程的液固比为 4:1 比较合适。

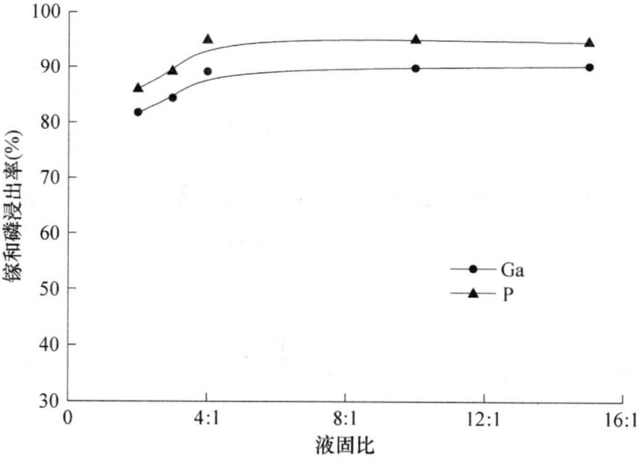

图 6.2　液固比对镓和磷浸出率的影响

(温度 80 ℃，浸出时间 2 h，搅拌速度 800 r/min)

6.1.3 浸出温度和浸出时间的影响

浸出温度和浸出时间对镓和磷浸出率的影响分别见图 6.3 和图 6.4。

由图 6.3 可以看出，镓的浸出率随着温度的提高而逐渐提高。当浸出温度达到 80 ℃后，浸出 1 h，即可将镓比较完全地浸出，进一步提高浸出温度至 90 ℃，镓的浸出速率提高幅度很小，因此在 80 ℃下浸出 1 h 比较合适。

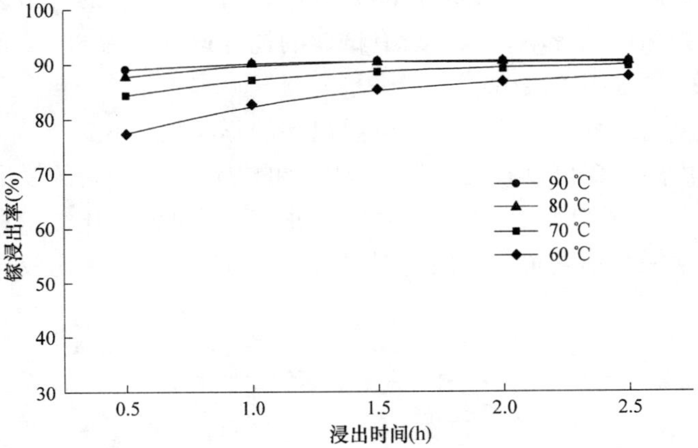

图 6.3　浸出温度和浸出时间对镓浸出率的影响

(液固比 4:1，搅拌速度 800 r/min)

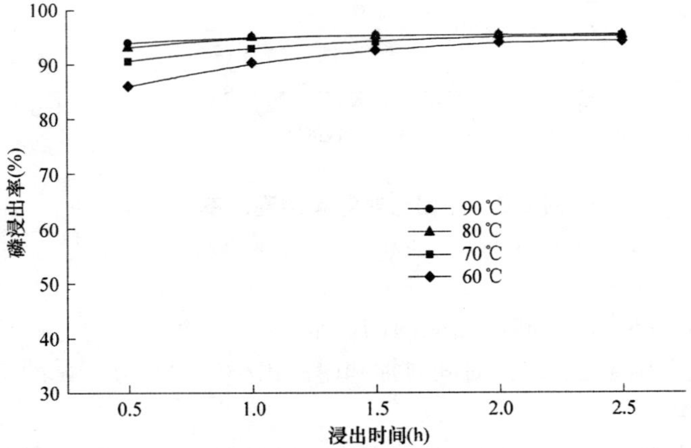

图 6.4　浸出温度和浸出时间对磷浸出率的影响

(液固比 4:1，搅拌速度 800 r/min)

由图 6.4 可以看出，磷的浸出过程与镓相似，在 80 ℃下浸出 1 h，即可将磷比较完全地浸出。

综上所述，可确定预处理物料浸出条件为搅拌速度 800 r/min，液固比 4:1，在 80 ℃下浸出 1 h。

6.2　硫酸直接浸出电尘过程动力学

为了深入研究电尘中镓和磷的浸出过程，考察了较高液固比条件下搅拌速度、反应温度和反应时间对镓和磷浸出过程的影响。试验所用电尘粒度为 200～250 目，硫酸浓度为 3 mol/L，为了尽量减小反应过程中硫酸浓度的变化，浸出过程液固比为 50:1。将不同温度和不同时间下镓和磷的浸出率试验数据按不同反应模型进行回归，根据回归模型求出不同温度下镓和磷浸出过程的反应速率常数，然后根据不同温度下镓和磷的反应速率常数求出镓和磷浸出过程的活化能，从而深入了解镓和磷浸出过程的反应机理。

6.2.1　多相浸出过程模型

电尘的浸出过程为多相过程，镓和磷的浸出速率可能由化学反应过程控制，也可能由反应物和产物的传质过程控制，不同控制步骤下的浸出动力学模型如下所述。

6.2.1.1　表面反应为速率控制步骤的收缩核反应过程[1]

在半径为 r 的球体表面上反应速率可表示为：

$$\frac{\mathrm{d}n}{\mathrm{d}t}=-4\pi r^2 k'Cm_0 \tag{6.1}$$

式中：n 为未反应核中的摩尔数；t 为反应时间；k' 为反应速率常数；C 是溶液的浓度；m_0 为固体表面潜在反应点浓度。

未反应球体中的总摩尔数 n 可表示为：

$$n=\frac{4\pi r^3}{3V} \tag{6.2}$$

式中：V 为摩尔体积，$V=M/\rho$，其中 M 为分子量，ρ 为密度。将式(6.2)对反应时间 t 微分，并使之与式(6.1)相等，便导出下列表达式：

$$\frac{\mathrm{d}r}{\mathrm{d}t}=-VCk'm_0=-k_lC=-R_l \tag{6.3}$$

式中：R_l 为线速率；$Vk'm_0$ 为线速率常数 k_l。假如 C 为常数，则式(6.3)表示反应界面恒速移动。如果 r_0 为球体初始半径，α为转化率，则可以导出下式：

$$\alpha=1-\frac{r^3}{r_0^3} \tag{6.4}$$

式(6.4)对时间 t 微分变为：

$$\frac{\mathrm{d}\alpha}{\mathrm{d}t}=-\frac{3r^2}{r_0^3}\cdot\frac{\mathrm{d}r}{\mathrm{d}t} \tag{6.5}$$

将式(6.3)、式(6.4)和式(6.5)联立，得出方程：

$$\frac{\mathrm{d}\alpha}{\mathrm{d}t}=\frac{3Ck_l}{r_0}(1-\alpha)^{2/3} \tag{6.6}$$

在浓度恒定，并且 t=0，从而α=0 的条件下，对式(6.6)积分，可得到转化率α与浸出时间 t 之间的关系式：

$$kt=1-(1-\alpha)^{1/3} \tag{6.7}$$

式中：$k=Ck_l/r_0$。

6.2.1.2 表面反应为速率控制步骤的粒径不变的反应过程[2-4]

当反应速度与液相反应物浓度及固体表面未反应物浓度成正比时，反应速率可表示为：

$$\frac{\mathrm{d}\alpha}{\mathrm{d}t}=k'C(1-\alpha) \tag{6.8}$$

在浓度恒定，并且 $t=0$，从而 $\alpha=0$ 的条件下，对式(6.8)积分，可得到转化率 α 与浸出时间 t 之间的关系式：

$$kt=-\ln(1-\alpha) \tag{6.9}$$

式中：$k=k'C$。

6.2.1.3　通过极限边界层的扩散为速率控制步骤的收缩核反应过程[5]

如果通过极限边界层薄膜的扩散是速率控制步骤，则单位时间内反应物消失或产物生成的速率可表示为：

$$\frac{\mathrm{d}n}{\mathrm{d}t}=-\frac{4\pi r^2 D}{\sigma\delta}C \tag{6.10}$$

式中：D 为扩散系数；σ 为化学反应计量系数；δ 为极限边界层厚度；C 为主体溶液的浓度，这里假设远大于表面浓度 C_S。对于球形反应颗粒 C 等于常数，可得出以下方程：

$$1-(1-\alpha)^{1/3}=\frac{CVD}{\sigma\delta r_0}t=\frac{R_l}{r_0}t \tag{6.11}$$

反应界面的移动速率为：

$$R_l=Ck_l=\frac{CVD}{\sigma\delta} \tag{6.12}$$

当主体溶液浓度恒定时，可导出转化率 α 与浸出时间 t 之间的关系同式(6.7)：

$$kt=1-(1-\alpha)^{1/3}$$

式中：$k=Ck_l/r_0$。

6.2.1.4　通过产物层的扩散为速率控制步骤的反应过程[3]

如果反应产物在反应表面上生成，则反应物需通过产物层才能到达反应界面,这种通过产物层的扩散可能成为速率控制步骤。随着反应的进行，未反应核心逐渐收缩，核心周围为产物层。图 6.5 表示初始半径为 r_0，未反应收缩核心半径为 r，反应后半径为 r_z 的矿物颗粒。

矿物颗粒若基本上可以看做一个球体，则反应速率可用下列方程表示：

$$\frac{\mathrm{d}n}{\mathrm{d}t}=-\frac{4\pi r^2}{\sigma}D\frac{\mathrm{d}C}{\mathrm{d}r} \quad (6.13)$$

式中：n 为核内未反应矿物的摩尔数；σ为化学计量系数；D 为扩散系数；C 为溶液浓度。

假定 r 与 r_z之间的所有 r 值均为稳定态，便可对式(6.14)积分得到：

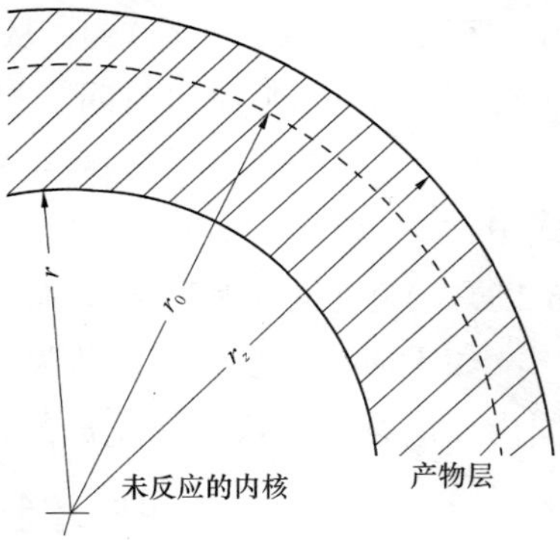

图 6.5 通过反应产物的扩散为速率控制步骤的反应颗粒示意图

$$\frac{\mathrm{d}n}{\mathrm{d}t}=-\frac{4\pi DCrr_z}{\sigma(r_z-r)} \tag{6.14}$$

根据式(6.2)、式(6.10)、式(6.13)和式(6.14)，以未反应核的半径表示的反应界面移动速率的一般表达式为：

$$\frac{\mathrm{d}r}{\mathrm{d}t}=-\frac{VDCr_z}{\sigma r(r_z-r)} \tag{6.15}$$

在反应过程中，消耗的反应物的摩尔数与生成的产物的摩尔数可表示为：

$$\frac{\frac{4}{3}\pi r_0^3-\frac{4}{3}\pi r^3}{V_R}=\frac{\frac{4}{3}\pi r_z^3-\frac{4}{3}\pi r^3}{V_P}s \tag{6.16}$$

式中：s 为反应计量系数，V_R 和 V_P 分别为反应物和产物的摩尔体积。

设

$$Z=\frac{V_P}{sV_R} \tag{6.17}$$

可以推导出 r_z 与 r_0 和 r 之间的关系：

$$r_z = [Zr_0^3 + r^3(1-Z)]^{1/3} \tag{6.18}$$

从式(6.18)可以看出，如果 Z=1，则 r_z 等于 r_0。

将式(6.18)代入式(6.15)，并在 t=0 到 t=t，r=r_0 到 r=r 上积分，便可得到以转化率表示的反应速率表达式：

$$2(Z-1)\frac{VDC}{\sigma r_0^2}t = \frac{Z-[1-(1-Z)\alpha]^{2/3}}{Z-1} - (1-\alpha)^{2/3} \tag{6.19}$$

当主体溶液浓度 C 恒定时，可导出转化率 α 与浸出时间 t 之间的关系式：

$$kt = \frac{Z-[1-(1-Z)\alpha]^{2/3}}{Z-1} - (1-\alpha)^{2/3} \tag{6.20}$$

式中：$k = 2(Z-1)\dfrac{VDC}{\sigma r_0^2}$。

在硫酸直接浸出电尘过程中，生成的硫酸钙为二水硫酸钙，产物二水硫酸钙摩尔体积与反应物磷灰石的摩尔体积的比值 Z=2.2。

上述几种模型中，反应速率常数 k 与温度 T 之间的关系如下：

$$k = k_0 \, e^{\left(-\frac{E}{RT}\right)} \tag{6.21}$$

式中：E 为反应活化能，当表面化学反应过程为速率控制步骤时，活化能 E 一般大于 40 kJ/mol，当扩散过程为速率控制步骤时，活化能 E 一般小于 20 kJ/mol。

6.2.2　硫酸直接浸出电尘过程动力学模拟

6.2.2.1　搅拌速度对镓和磷浸出率的影响

硫酸直接浸出电尘过程中，搅拌速度对镓和磷浸出率的影响如图 6.6 所示。

从图 6.6 中可以看出，随着搅拌速度的增加，镓和磷的浸出率逐渐增加，当搅拌速度大于 600 r/min 后，随着搅拌速度的增加，镓和磷的浸出率几乎不再变化，这是因为随着搅拌速度的增加，外扩散阻力对镓和磷浸出过程的影响逐渐减小，为了消除外扩散阻力对镓和磷浸出过程的影响，以下试验过程中的搅拌速率均为 800 r/min。

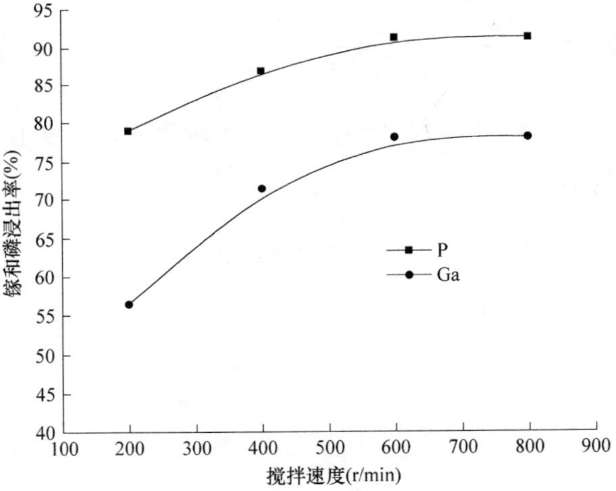

图 6.6　搅拌速度对镓和磷浸出率的影响

(温度 80 ℃，液固比 50:1，硫酸浓度 3 mol/L，时间 2.5 min)

6.2.2.2　镓浸出过程模拟

将镓的浸出过程试验数据点按不同反应模型进行回归，结果如图 6.7 所示：

从图 6.7 中可以看出，模型 $-\ln(1-\alpha)=kt$ 与试验数据拟合较好，说明镓浸出过程符合表面化学反应控制。

不同反应温度下 $-\ln(1-\alpha)$ 与浸出时间 t 之间的关系如图 6.8 所示。

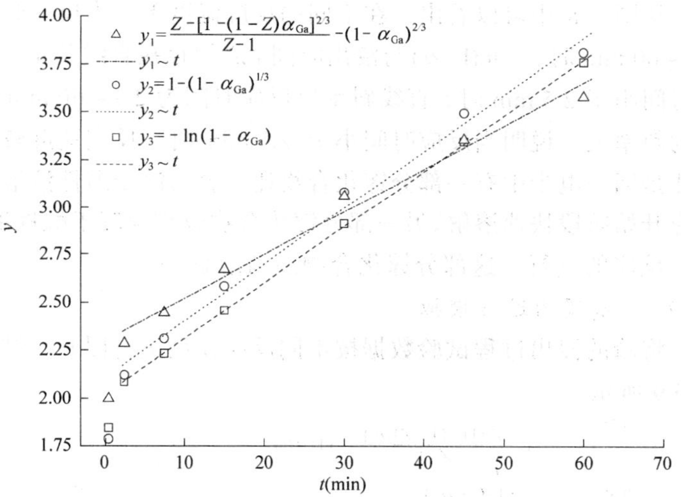

图 6.7 镓浸出过程按不同模型回归

(搅拌速度 800 r/min，温度 90 ℃，液固比 50:1，硫酸浓度 3 mol/L)

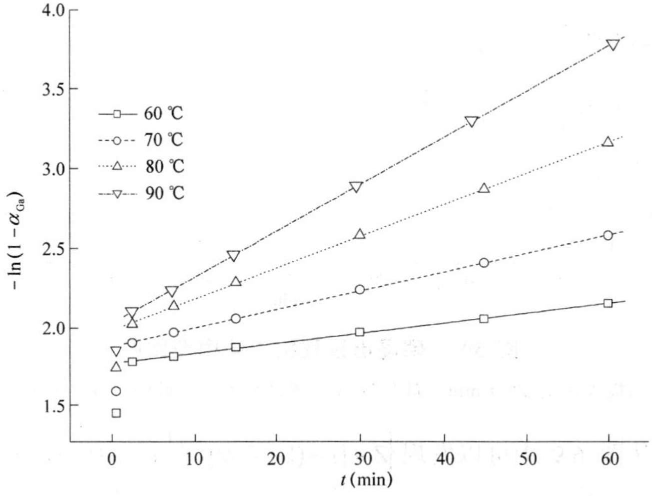

图 6.8 不同温度下镓浸出过程 $-\ln(1-\alpha)$ 与 t 之间的关系

(搅拌速度 800 r/min，液固比 50:1，硫酸浓度 3 mol/L)

从图 6.8 中可以看出，在不同的反应温度下，当反应时间为 2.5 ~ 60 min 时，$-\ln(1-\alpha)$ 与浸出时间 t 之间存在直线关系。当反应时间小于 2.5 min 时，直线斜率比反应时间为 2.5 ~ 60 min 时直线的斜率大，说明当反应时间小于 2.5 min 时，反应速度较快，可能是因为电尘中有一部分镓化合物比较容易溶于酸性溶液，在反应开始阶段快速溶解，另一部分镓化合物较难溶解于酸性溶液，随着反应的进行，这部分镓化合物逐渐溶解。

6.2.2.3 磷浸出过程模拟

将磷的浸出过程试验数据按不同反应模型进行回归，结果如图 6.9 所示。

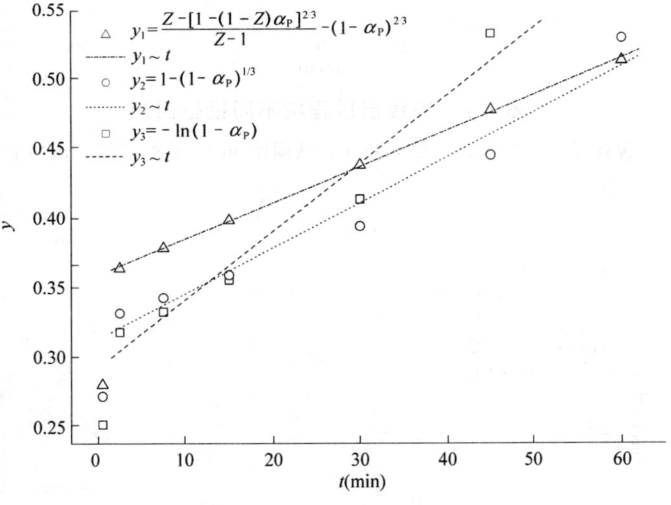

图 6.9 磷浸出过程按不同模型回归

(搅拌速度 800 r/min，温度 70 ℃，液固比 50:1，硫酸浓度 3 mol/L)

从图 6.9 中可以发现 $\left\{Z-[1-(1-Z)\alpha]^{2/3}\right\}/(Z-1)-(1-\alpha)^{2/3}$ 与浸出时间 t 之间线性较好，说明磷浸出过程试验数据符合扩散控制模型。

不同反应温度下 $\{Z-[1-(1-Z)\alpha]^{2/3}\}/(Z-1)-(1-\alpha)^{2/3}$ 与浸出时间 t 之间的关系如图 6.10 所示。

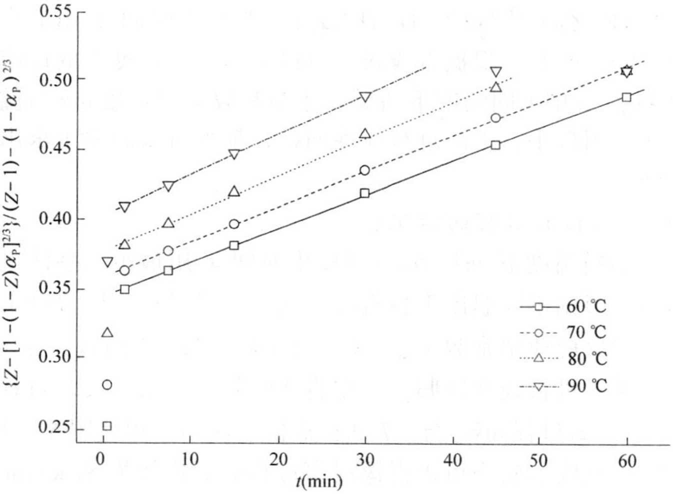

图 6.10 磷浸出过程 $\{Z-[1-(1-Z)\alpha]^{2/3}\}/(Z-1)-(1-\alpha)^{2/3}$ 与浸出时间 t 之间的关系

从图 6.10 中可以看出，在不同的反应温度下，当反应时间为 2.5~60 min 时，$\{Z-[1-(1-Z)\alpha]^{2/3}\}/(Z-1)-(1-\alpha)^{2/3}$ 与浸出时间 t 之间存在直线关系。当反应时间小于 2.5 min 时，直线斜率比反应时间为 2.5 ~ 60 min时直线的斜率大,说明当反应时间小于 2.5 min 时，反应速度较快，这是因为反应开始阶段生成的硫酸钙数量较少，磷灰石中磷的浸出过程为表面化学反应控制，由于磷灰石容易溶解于酸性溶液，在反应开始阶段，磷灰石中的磷快速溶解，随着反应的进行，硫酸钙生成量逐渐增加，磷灰石中磷的浸出过程由表面化学反应控制变为产物层扩散控制。

6.2.3 镓和磷浸出过程活化能

由上述讨论可以看出，当反应时间为 2.5 ~ 60 min 时，

$\ln(1-\alpha_{Ga})$、$\{Z-[1-(1-Z)\alpha_P]^{2/3}\}/(Z-1)-(1-\alpha_P)^{2/3}$ 与浸出时间 t 之间存在直线关系，将不同温度下 $\ln(1-\alpha_{Ga})$、$\{Z-[1-(1-Z)\alpha_P]^{2/3}\}/(Z-1)-(1-\alpha_P)^{2/3}$ 与浸出时间 t 用最小二乘法进行线性回归，根据直线斜率可以求出不同温度下的反应速率常数 k；然后将不同温度下的反应速率常数 k 的对数 $\ln k$ 与温度的倒数 $1/T$ 用最小二乘法进行线性回归，根据直线斜率可求出反应活化能。

6.2.3.1 镓浸出过程的活化能

将不同温度下 $\ln(1-\alpha_{Ga})$ 与浸出时间 t 用最小二乘法进行线性回归，根据不同温度下各直线的斜率，可求得不同温度下镓浸出过程的反应速率常数 k_{Ga}；然后将不同温度下的 $\ln k_{Ga}$ 与 $1/T$ 用最小二乘法进行线性回归，根据直线的斜率可求出反应过程的活化能。镓浸出过程 $\ln k_{Ga}$ 与 $1/T$ 试验数据及回归方程如图 6.11 所示，根据图中直线的斜率可求得镓浸出过程的活化能为 51 kJ/mol，镓浸出过程的活化能大于 40 kJ/mol，说明镓浸出过程为表面化学反应控制。

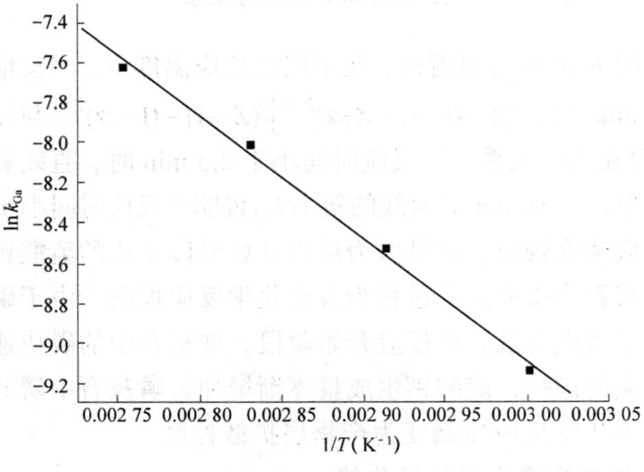

图 6.11 镓浸出过程 $\ln(k_{Ga})$与 $1/T$ 之间的关系

6.2.3.2　磷浸出过程的活化能

将不同温度下 $\left\{Z-[1-(1-Z)\alpha_P]^{2/3}\right\}/(Z-1)-(1-\alpha)^{2/3}$ 与浸出时间 t 用最小二乘法进行线性回归，根据不同温度下各直线的斜率，可求得不同温度下磷浸出过程的反应速率常数 k_P；然后将不同温度下的 $\ln k_P$ 与 $1/T$ 用最小二乘法进行线性回归，根据直线的斜率可求得反应过程的活化能。磷浸出过程 $\ln k_P$ 与 $1/T$ 试验数据及回归方程如图 6.12 所示，根据图中直线的斜率可求得磷浸出过程的活化能为 6.1 kJ/mol。磷浸出过程的活化能小于 20 kJ/mol，说明磷浸出过程为产物层扩散控制。

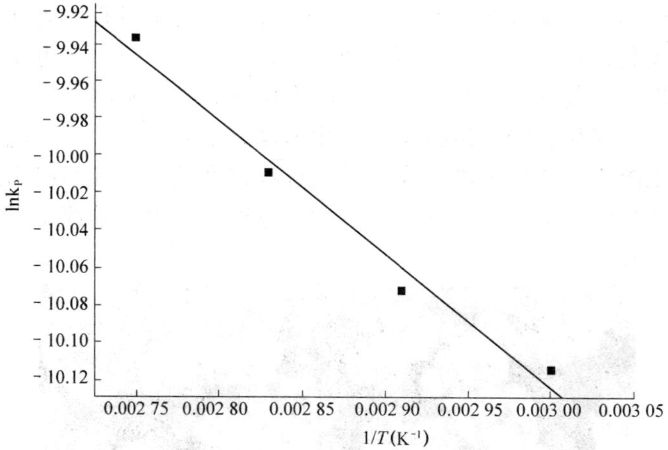

图 6.12　磷浸出过程 $\ln k_P$ 与 $1/T$ 之间的关系

6.2.4　电尘直接浸出过程反应机理

在电尘浸出过程中，所用电尘是电尘浆干燥后形成的大块颗粒经研磨后得到的较细颗粒，粒度为 61 ~ 74 μm，筛分后得到的颗粒由更小的微粒组成，当电尘颗粒加入到硫酸溶液中以后，电尘颗粒中聚集在一起的微粒在硫酸的作用下分散。为了考察分散后微粒的形态，采用 SEM 和粒度分布仪研究了反应时间为 0.5 min 和反应时间为 60 min 条件下固体颗粒的形貌及粒度分布。反应时间为 0.5 min 时固体颗粒的 SEM 图如图 6.13 所示；反应时间为 60 min 时固体颗粒的 SEM 图如图 6.14 所示；反应时间为 0.5 min 和 60 min 时固体颗粒的粒度分布如图 6.15 所示。从图中可以看出，电尘颗粒加入至硫酸溶液中以后，聚集在一起的微粒在硫酸的作用下分散，分散后的微粒粒度分布在 0.1 ~ 2 μm 之间，反应 0.5 min 和 60 min 时颗粒的粒度分布比较接近，说明反应时间大于 0.5 min 以后电尘颗粒中聚集在一起的微粒基本完全分散，随着反应的进行颗粒体积变化很小。

在电尘浸出过程中，镓浸出过程试验数据符合表面化学反应控制模型，反应活化能为 51 kJ/mol，说明镓浸出过程为表面化学反应控制，这是因为电尘颗粒加入到硫酸溶液中以后，电尘颗粒中聚集在一起的细小颗粒在硫酸的作用下分散，吸附在电尘颗粒表面上的镓化合物与硫酸反应转化为镓离子而溶解，由于电尘中的镓难溶于稀酸性溶液，表面反应过程速度较慢，镓的浸出过程为表面化学反应控制。同时以上讨论也说明电尘中的镓主要存在于电尘颗粒表面。

图 6.13　反应时间为 0.5 min 时颗粒的 SEM 图

图 6.14　反应时间为 60 min 时颗粒的 SEM 图

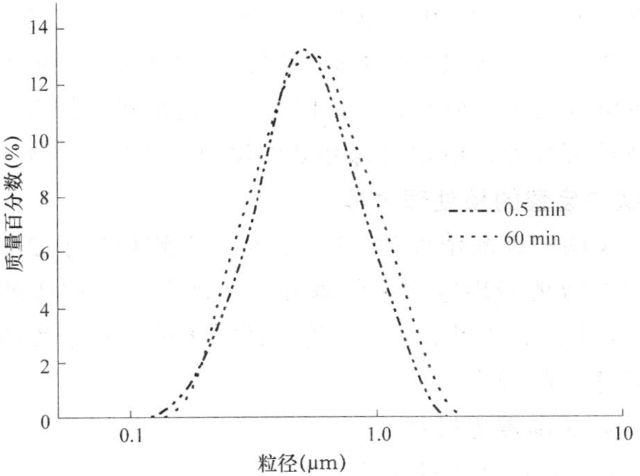

图 6.15　反应时间为 0.5 min 和 60 min 时颗粒粒度分布

磷的浸出过程试验数据符合产物层扩散控制模型，反应活化能为 6.1 kJ/mol，说明磷浸出过程为产物层扩散控制，这是因为电尘中的磷灰石与硫酸反应后生成硫酸钙，反应生成的硫酸钙可能包裹在未反应的磷灰石表面阻碍反应的进行。虽然反应产物不利于电尘中磷的浸出，但不影响电尘中酸溶性磷的完全浸出。

6.3 废酸直接浸取过程

采用预处理—浸出法从电尘中回收镓和磷具有硫酸用量少、浸出液中镓和磷浓度高、浸出液中剩余硫酸浓度低和硫酸利用率高的特点。采用此法从电尘中回收镓和磷，每处理 1 t 电尘，大约需要 1 t 浓硫酸。另一个节省浸出镓的硫酸消耗的方法是在可能的条件下考虑使用废酸。例如，我国钛白生产大多采用硫酸法，每生产 1 t 钛白粉产生 8 ~ 10 t 浓度约为 20%的废硫酸。我国国内市场钛白粉年需求量约为 20 万 t，用硫酸法生产钛白，则每年将产生废酸 160 万 ~ 200 万 t，这是制约硫酸法生产钛白的主要环境问题。如果就近有钛白废酸可资利用，用它从电尘中回收镓和磷既可以降低镓的生产成本，也可以对钛白废酸进行综合利用，因此采用钛白废酸处理电尘时镓和磷的浸出行为值得研究。

6.3.1 钛白废酸的预处理过程

钛白废酸中硫酸浓度为 17%~20%，大致相当于 2 mol/L 左右，可以有效地浸出电尘中的磷和镓。问题是钛白废酸中含有 18 ~ 30 g/L Fe^{2+}，因此，Fe^{2+}对磷、镓浸出的影响是废酸浸出中需要重点考察的因素。

6.3.2 模拟废酸浸出过程

6.3.2.1 溶液中铁离子对镓浸出过程的影响

溶液中 Fe^{2+}与 Fe^{3+}对镓浸出过程的影响分别如图 6.16 与图 6.17 所示。从图中可以看出，Fe^{2+}和 Fe^{3+}对镓的浸出均无明显影响。

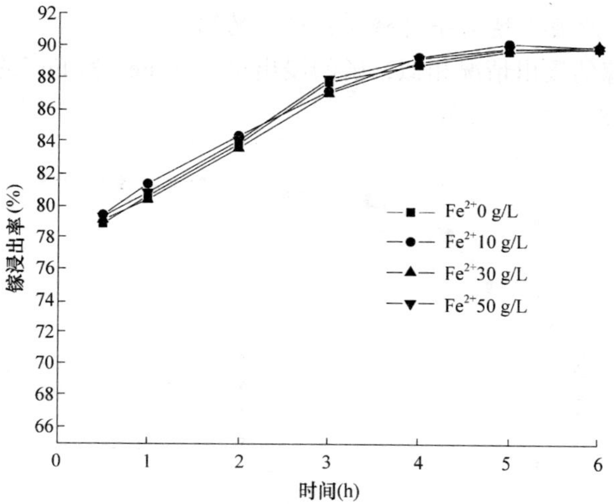

图 6.16 二价铁离子浓度对镓浸出率的影响

(温度 80 ℃，硫酸浓度 20%，液固比 10:1，搅拌速度 800 r/min)

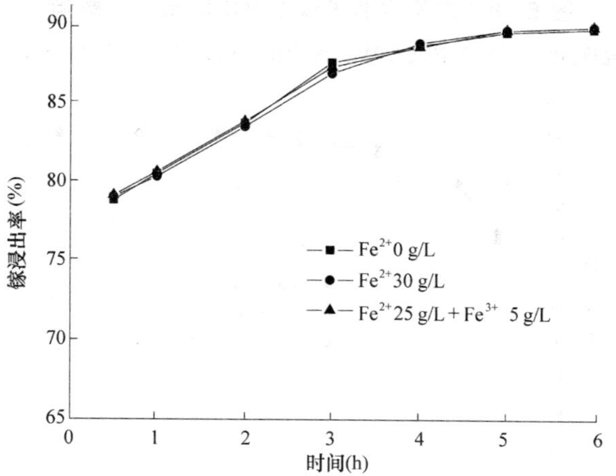

图 6.17 三价铁离子浓度对镓浸出率的影响

(温度 80 ℃，硫酸浓度 20%，液固比 10:1，搅拌速度 800 r/min)

6.3.2.2　溶液中铁离子对磷浸出过程的影响

与镓的浸出情况相似，磷的浸出也不受 Fe^{2+}和 Fe^{3+}的干扰，如图 6.18 和 6.19 所示。

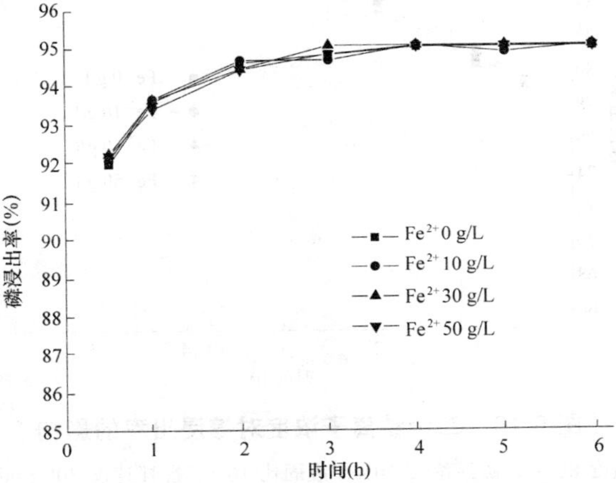

图 6.18　二价铁离子浓度对磷浸出率的影响

(温度 80 ℃，硫酸浓度 20%，液固比 10:1，搅拌速度 800 r/min)

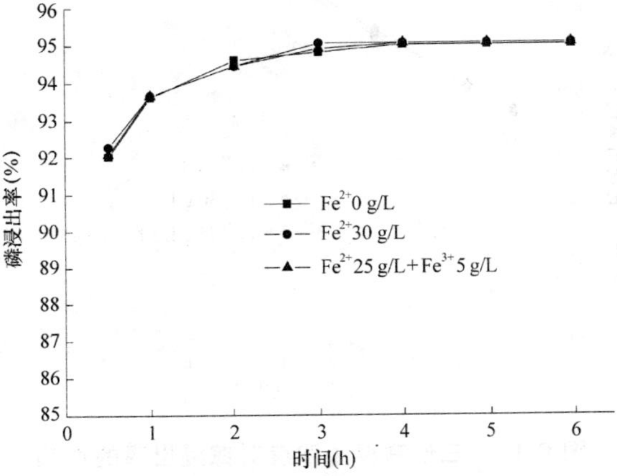

图 6.19　三价铁离子浓度对磷浸出率的影响

(温度 80 ℃，硫酸浓度 20%，液固比 10:1，搅拌速度 800 r/min)

6.3.2.3　反应体系液固比对镓和磷浸出率的影响

为了提高浸出液中镓的浓度并提高硫酸的利用率，应当尽可能在液固比较低的条件下从电尘中浸出镓，为了考察反应体系液固比对电尘中镓和磷浸出过程的影响，采用含 20%硫酸和 30 g/L 铁的模拟废酸溶液在不同液固比条件下从电尘中浸出镓和磷。在浸出温度为 80 ℃，反应时间为 2 h 及不同液固比条件下，镓的浸出率如图 6.20 所示，磷的浸出率如图 6.21 所示。

由图 6.20 和图 6.21 可以看出，随着液固比的降低，镓的浸出率逐渐降低；随着液固比的降低，磷的浸出率几乎不变。这是因为在液体量不变的条件下，随着液体中电尘含量的增加，电尘的耗酸量逐渐增大，造成浸出体系酸度逐渐降低，由于电尘中的镓难溶于稀酸，随着液固比的降低，镓的浸出率逐渐降低；电尘中的含磷矿物主要为磷灰石，该化合物在稀酸溶液中比较容易分解，因此随着液固比的降低，磷的浸出率几乎不变。

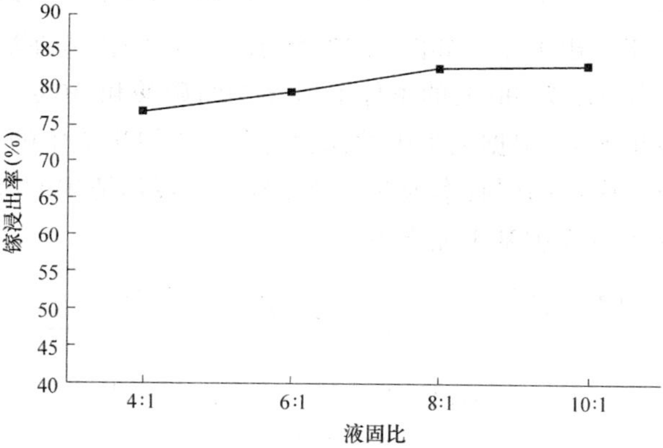

图 6.20　液固比对镓浸出率的影响

(浸出温度 80 ℃，反应时间 2 h，搅拌速度 800 r/min)

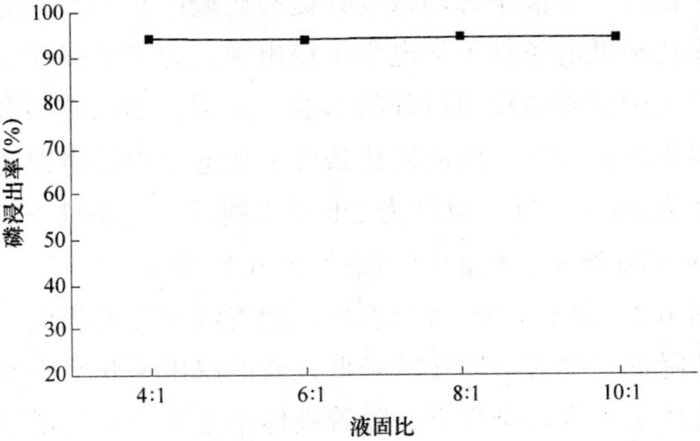

图 6.21 液固比对磷浸出率的影响

(浸出温度 80 ℃，反应时间 2 h，搅拌速度 800 r/min)

为了进一步回收电尘中的镓，同时尽可能少地使用废酸，可采用两段逆流浸出，将一次浸出渣再用 20%的废酸进行浸出，浸出液再用于浸出电尘，如图 6.22 所示。一次浸出渣在液固比为 10:1，浸出温度为 90 ℃的条件下用含 20%硫酸和 30 g/L 铁的硫酸溶液浸出 6 h，根据电尘中的镓含量和二次浸出渣中的镓含量，推算出电尘中镓的回收率为 90.15%，即一次浸出渣中的酸溶性镓在二次浸出过程中基本完全浸出。

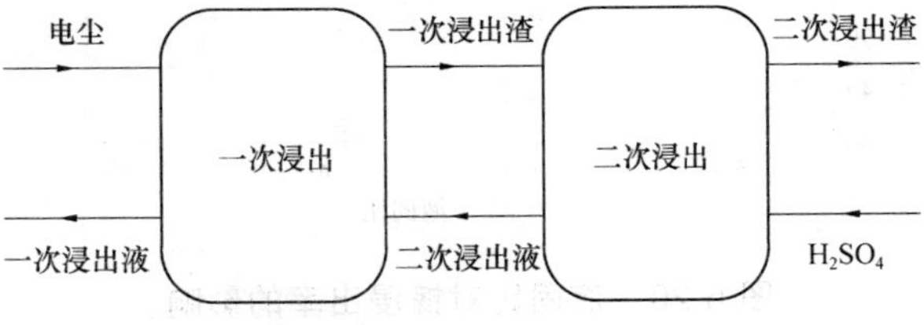

图 6.22 两段浸出法从电尘中回收镓和磷的流程图

6.4 浸出过程总结

6.4.1 预处理物料浸出过程

采用浓硫酸预处理—水浸法可以有效地回收电尘中的镓和磷，它可将电尘中的镓和磷转化成水溶性化合物，然后用水溶解浸出。经试验确定的预处理物料浸出条件为搅拌速度 800 r/min，液固比 4:1，在 80 ℃下浸出 1 h。

6.4.2 电尘直接浸出过程动力学

电尘中镓的浸出过程试验数据符合表面化学反应控制模型，反应活化能为 51 kJ/mol，说明镓的浸出过程为表面化学反应控制，同时也说明电尘中的镓主要存在于电尘颗粒表面。

电尘中磷的浸出过程试验数据符合产物层扩散控制模型，反应活化能为 6.1 kJ/mol，说明磷浸出过程为产物层扩散控制，反应产物不利于电尘中磷的浸出，但不影响电尘中酸溶性磷的完全浸出。

6.4.3 废酸浸出过程

钛白废酸中含有大量的二价铁离子，其浓度为 18 ~ 30 g/L，Fe^{2+}对磷、镓浸出的影响是废酸浸出中需要重点考察的因素。通过试验发现废酸中的 Fe^{2+}对镓和磷的浸出均无明显影响，少量 Fe^{3+}也不妨碍镓和磷的浸出。

随着浸出过程液固比的降低，镓的浸出率逐渐降低，磷的浸出率几乎不变，采用含 20%硫酸和 30 g/L 铁的模拟废酸溶液从电尘中浸出镓和磷，在两段逆流操作条件下，电尘中的酸溶性镓和磷基本完全浸出。

参考文献

[1] Sohn H Y, Wadsworth M E. 浸出冶金速率过程[M]. 郑蒂基,译.

北京: 冶金工业出版社, 1984:144,148.

[2] 乌帕达耶 G S, 杜布 R K. 冶金热力学与动力学的应用计算[M]. 金宝忠, 阎庆甲, 译. 北京: 冶金工业出版社, 1981:174.

[3] Habashi F. 冶金原理[M]. 昆明工学院有色金属冶炼教研组,译. 北京: 冶金工业出版社, 1978:122,131.

[4] 杨保俊, 于少明, 单承湘. 蛇纹石硫酸浸出过程动力学研究[J]. 硅酸盐学报, 1999, 27(1): 65-70.

[5] Tongue T O, Wight E H, Legal Jr C C. Process of Manufacturing Phosphoric Acid. USA Pat: 2504544[P]. 1950-04-18.

第 7 章 溶液中镓的回收

硫酸盐介质中的镓可用二(2–乙基己基)磷酸(P204)与羟肟酸的协萃体系有效萃取回收[1]，少量亚铁离子不影响镓的回收。电尘是磷矿石在电炉还原下产生的，电尘中所含少量的铁都处于低价，其浸出液中的铁为亚铁离子而且浓度也低，因此浓硫酸熟化预处理后电尘浸出液中的镓用溶剂萃取是回收镓的一个好的选择。而用钛白废酸从电尘中浸出镓时，浸出液中大量铁离子的存在，使得溶剂萃取法不能用以直接从溶液中回收镓。如果在萃取镓前先沉淀除铁，则因大量沉淀的产生和夹带造成镓的损失，在经济上和环保上都不可取。这种情况下可考虑先用沉淀法从溶液中富集回收镓，然后进一步分离提纯。由于浸出液中含有大量磷酸根，可选择以磷酸盐形式沉淀回收镓。本章讨论磷酸盐法从浸出液中富集回收镓的过程以及铁在沉淀中的行为。

7.1 磷酸盐法沉淀过程

7.1.1 磷酸盐法沉淀过程中镓的行为

在镓的沉淀过程中，考察了溶液中磷酸根离子浓度、温度和反应时间对镓沉淀率的影响。

7.1.1.1 溶液中磷酸根离子浓度与 pH 值对镓沉淀过程的影响

溶液中磷酸根离子浓度与 pH 值对镓沉淀过程的影响如图 7.1 所示。

从图 7.1 中可以看出，当溶液中没有磷酸根时，镓只能以氢氧化物的形式沉淀。大约在 pH 值为 2.8 以上开始沉淀，镓沉淀率随 pH 值升高迅速增加，大约到 pH 值为 4.1 时沉淀完全。加入磷酸盐后，沉淀所需要的 pH 值降低。例如当磷镓摩尔比在 0.5:1 时，pH 值为 2.6 下开始沉淀，考虑到无磷酸根时该 pH 值下几乎不发生镓的沉淀，此时沉淀的镓应为磷酸镓。到 pH 值为 2.8 时已沉淀约 50%的镓。此后氢氧化镓和磷酸镓同时析出，到 pH 值为 4.1 左右沉淀完全。随着磷酸根离子浓度的增加，沉淀所需要的 pH 值进一步降低。一旦溶液中磷镓摩尔比达到 1:1，pH 值为 2.3 下即开始沉淀，至 pH 值为 3.5 左右沉淀完全。此后磷镓摩尔比继续增加对镓的沉淀已无明显影响。黄磷电尘的浸取液中磷酸根离子浓度较高，磷酸根离子与镓离子比值在 500 倍以上，无需额外加入，溶液中磷镓摩尔比远高于试验的最大值 8:1。显然浸取液中磷酸根离子的存在对沉淀很有利，只需简单中和至一定的 pH 值即可有效地沉淀回收镓。

图 7.1 表明，无论有无磷酸根或磷酸根浓度大小，镓的沉淀对溶液 pH 值的变化都相当敏感，随 pH 值的增加而迅速增加，直至达到约 90%后才随 pH 值增加趋缓。

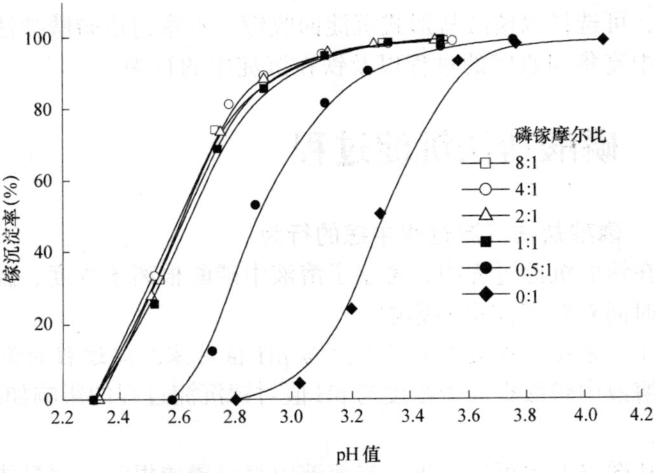

图 7.1　溶液中磷酸根离子浓度与 pH 值对镓沉淀过程的影响

(初始溶液中镓含量 0.1 g/L，温度 30 ℃，时间 30 min)

7.1.1.2　温度对镓沉淀过程的影响

温度对镓沉淀过程的影响如图 7.2 所示。

从图 7.2 中可以看出，在所考察的磷镓摩尔比和pH值范围内，温度对镓沉淀率影响不大。沉淀可在常温下完成，这将使实际的沉淀操作简便易行。

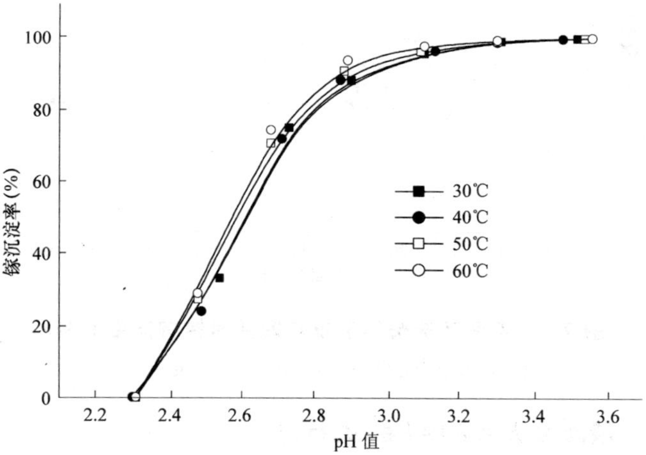

图 7.2　温度对镓沉淀过程的影响

(初始溶液中镓含量 0.1 g/L，磷镓摩尔比 8:1，时间 30 min)

7.1.1.3　磷酸盐法沉淀镓的速度

不同沉淀条件下反应时间对镓沉淀率的影响如图 7.3 所示。

从图 7.3 中可以看出，在所考察的各种沉淀条件下，镓的沉淀都很迅速，即使在最不利的沉淀条件下(见图中对应 pH 值为 2.6 的曲线)在 25 min 内都能达到该条件下的最大沉淀率。很明显，对镓的沉淀影响最大的因素是溶液的 pH 值，在不同的 pH 值下，镓的最大沉淀率不同，达到最大沉淀率所需要的时间也不同。pH 值越高，镓的沉淀越快，也越完全。在溶液 pH 值为 3.5 时溶液中的镓几乎是立即、完全沉淀出来。

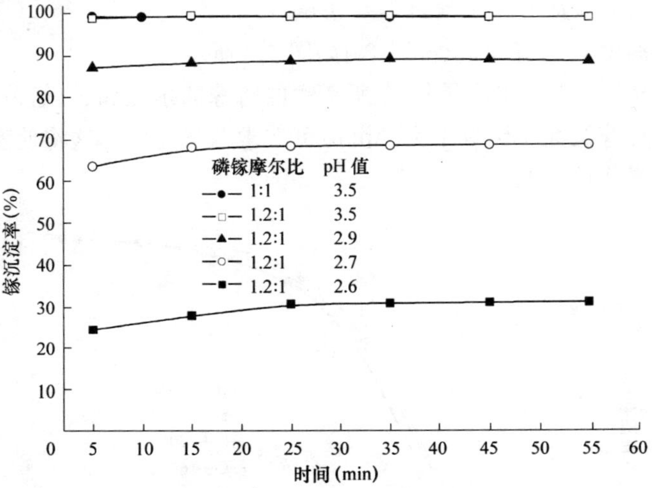

图 7.3 不同沉淀条件下反应时间对镓沉淀率的影响

(初始溶液中镓含量 0.1 g/L，反应温度 30 ℃)

7.1.2 磷酸盐法沉淀中 Fe^{3+}的行为

下面考察溶液中磷酸根离子浓度、沉淀温度和时间对 Fe^{3+}沉淀的影响。

7.1.2.1 溶液中磷酸根离子浓度与 pH 值对 Fe^{3+}沉淀过程的影响

溶液中磷酸根离子浓度与 pH 值对 Fe^{3+}沉淀的影响如图 7.4 所示。

可以看出，与镓的沉淀相似，当溶液中没有磷酸根时，沉淀 Fe^{3+}所要求的 pH 值最高。加入磷酸盐后，沉淀 Fe^{3+}所要求的 pH 值向低的方向移动，磷铁摩尔比愈大，沉淀 Fe^{3+}所要求的 pH 值愈小。至磷铁摩尔比值达到 1:1 后，沉淀 Fe^{3+}所要求的 pH 值最低，且磷酸根浓度无需进一步增加。同时，在一定的磷铁摩尔比下，Fe^{3+}沉淀率随 pH 值提高迅速增加。与镓的沉淀行为相比(参见图 7.1)，沉淀 Fe^{3+}的 pH 值比沉淀镓相应的 pH 值低，或者说 Fe^{3+}比

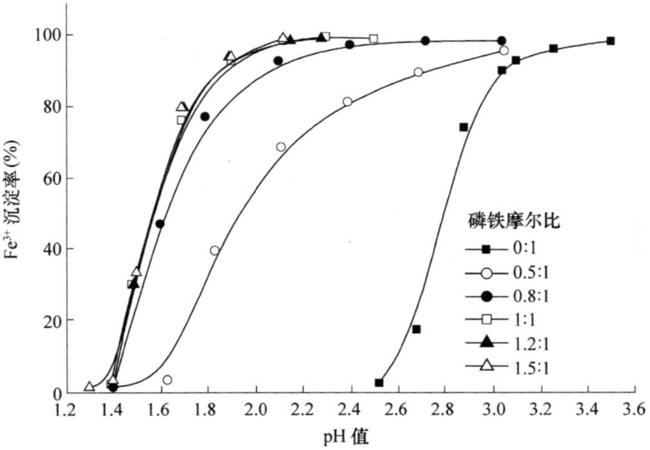

图 7.4 磷酸根离子浓度与 pH 值对 Fe^{3+} 沉淀过程的影响

(Fe^{3+}含量 1 g/L，温度 30 ℃，时间 30 min)

镓更容易沉淀。例如，没有磷酸根时，Fe^{3+}开始沉淀的 pH 值在 2.5 左右，到 pH 值 3.5 左右沉淀完全。而沉淀镓相应的 pH 值分别为 2.8 和 4.1。又如在磷酸根与待沉淀离子的摩尔比达到 1:1 时，Fe^{3+}在 pH 值 1.4 左右开始沉淀，到 pH 值 2.3 左右沉淀完全，而沉淀镓相应的 pH 值分别为 2.3 和 3.5，在 Fe^{3+}完全沉淀要求的 pH 值下镓尚未开始沉淀。

7.1.2.2 温度对 Fe^{3+}沉淀过程的影响

温度对 Fe^{3+}沉淀过程的影响如图 7.5 所示。与镓的沉淀情况相似(参见图 7.2)，温度对 Fe^{3+}沉淀的影响较小，沉淀可在常温下进行。

7.1.2.3 磷酸盐法沉淀 Fe^{3+}的速度

不同 pH 值下反应时间对 Fe^{3+}沉淀率的影响如图 7.6 所示。与镓的沉淀情况相似，在不同的 pH 值下，Fe^{3+}最大沉淀率不同，达到最大沉淀率所需要的时间也不同。pH 值越高，Fe^{3+}沉淀越快，也越完全。在所考察的 pH 值下，Fe^{3+}的沉淀比镓沉淀更快。在溶液 pH 值为 2 左右时约 5 min 内 Fe^{3+}可沉淀完全。

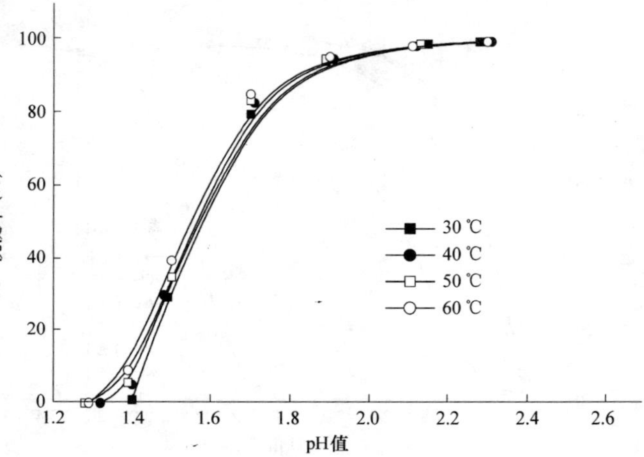

图 7.5　反应温度对 Fe^{3+}沉淀过程的影响

(Fe^{3+}含量 1 g/L，铁磷摩尔比 1:1.2，时间 30 min)

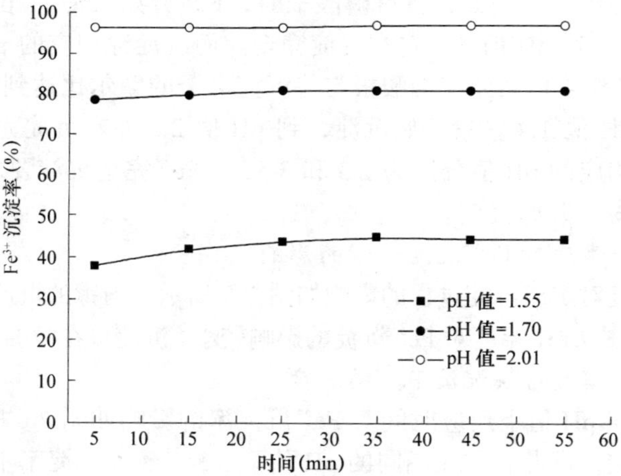

图 7.6　反应时间对 Fe^{3+}沉淀率的影响

(Fe^{3+}含量 1 g/L，铁磷摩尔比 1:1.2，温度 30 ℃)

7.1.3　磷酸盐法沉淀中 Fe^{2+} 的沉淀行为

硫酸法钛白生产排出的废酸，其主要特点是含有高浓度的硫酸亚铁。从用它浸出电尘得到的溶液中沉淀回收镓的过程中，了解 Fe^{2+} 的沉淀行为至关重要。

7.1.3.1　不同温度及不同 pH 值下 Fe^{2+} 的沉淀过程

废酸中 Fe^{2+} 含量约为 30 g/L，用废酸浸出电尘得到的浸出液中 Fe^{2+} 浓度与废酸中 Fe^{2+} 浓度接近。又从研究镓的沉淀过程中知道，完全沉淀镓要求的 pH 值约为 3.5。因而考察 Fe^{2+} 的沉淀行为时，模拟的废酸液的 Fe^{2+} 初始浓度定为 30 g/L，铁磷摩尔比为 1:1。从模拟的废酸液中和反应 30 min 条件下得到的 Fe^{2+} 沉淀率随反应温度和 pH 值的变化见图 7.7。

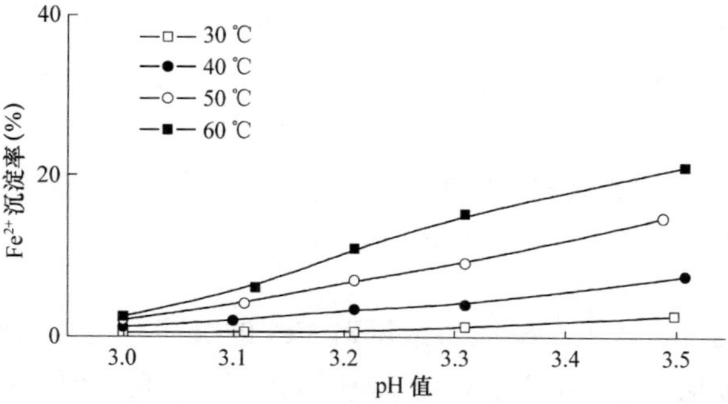

图 7.7　温度和 pH 值对 Fe^{2+} 沉淀率的影响

(Fe^{2+} 含量 30 g/L，铁磷摩尔比 1:1.2，时间 30 min)

很明显，低 pH 值下 Fe^{2+} 的沉淀率远不及 Fe^{3+} 和 Ga^{3+}。在 30 ℃下即使 pH 值提高到 3.5，Fe^{2+} 的沉淀率尚不到 2.5%，而此 pH 值下 Ga^{3+} 可完全沉淀。与 Fe^{3+} 和 Ga^{3+} 不同的是，Fe^{2+} 的沉淀受温度强烈影响，pH 值提高到 3.5 时 60 ℃下 Fe^{2+} 的沉淀率可达 21%。因此，沉淀镓时，通过控制沉淀的 pH 值和温度，不难控制 Fe^{2+} 的干扰。

7.1.3.2　溶液中磷酸根离子浓度和反应时间对 Fe^{2+}沉淀过程的影响

磷酸根离子浓度和反应时间对 Fe^{2+}沉淀过程的影响如图 7.8 所示。

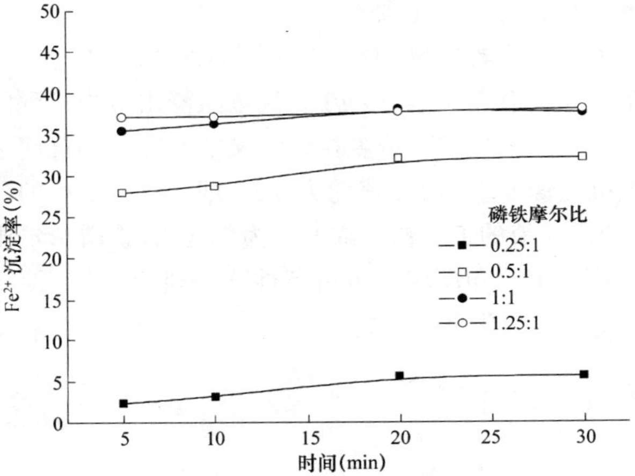

图 7.8　磷酸根离子浓度和反应时间对 Fe^{2+}沉淀过程的影响

(Fe^{2+}含量 30 g/L，温度 30 ℃，pH 值 3.8)

由图 7.8 可见，磷酸根浓度对 Fe^{2+}的沉淀有显著的影响。沉淀时将废酸溶液 pH 值中和至 3.8(略高于完全沉淀镓要求的 pH 值 3.5)，在此 pH 值下溶液中无磷酸根时则无 Fe^{2+}沉淀。随着磷酸根离子浓度的增加，Fe^{2+}沉淀率逐渐增加，但即使磷酸根与 Fe^{2+}的摩尔比大于 1:1，20 min 后 Fe^{2+}的沉淀率也不过 37%，延长沉淀时间亦不能明显增加 Fe^{2+}沉淀率。

7.1.4　磷酸盐法沉淀 Ga^{3+}、Fe^{3+}和 Fe^{2+}的比较

图 7.9 绘出了磷酸根存在下 Ga^{3+}、Fe^{3+}和 Fe^{2+}沉淀率随 pH 值的变化情况。三种离子按沉淀难度增加的顺序排列为：$Fe^{3+} < Ga^{3+} \ll Fe^{2+}$。可以看出，逐渐中和提高 pH 值，首先沉淀的是 Fe^{3+}(pH 值为 1.4~2.3)，Fe^{3+}几乎沉淀完全后 Ga^{3+}开始沉淀，至 pH

值为 3.5 左右沉淀完全。在 Ga^{3+}沉淀完全以前虽然 Fe^{2+}已开始沉淀，但沉淀的量甚低。可见，在含有磷酸盐的浸出液中即使在高浓度 Fe^{2+}存在下用沉淀法回收 Ga^{3+}仍是可行的。如前所述，温度对 Fe^{3+}和 Ga^{3+}在磷酸盐溶液中的沉淀没有明显影响，但较高温度有利于 Fe^{2+}的沉淀，图 7.9 中同时绘出了不同温度下 Fe^{2+}的沉淀情况。显然，从浸出液中沉淀 Ga^{3+}宜在常温下进行，它有利于防止 Fe^{2+}的干扰。

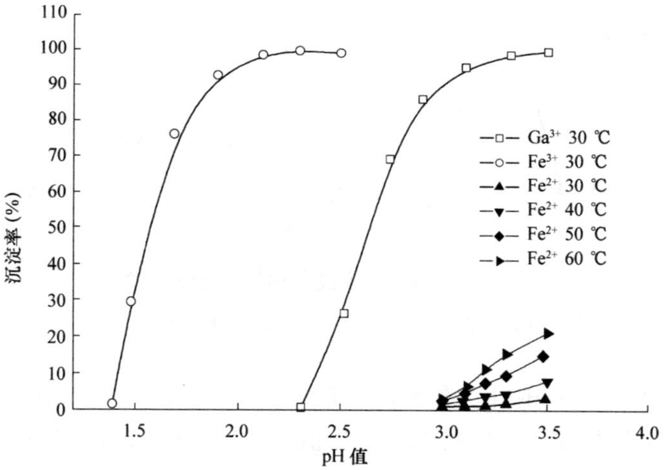

图 7.9　Ga^{3+}、Fe^{3+}和 Fe^{2+}沉淀率随 pH 值的变化

(摩尔比 1:1，时间 30 min)

7.1.5　Fe^{3+}对 Ga^{3+}沉淀的影响

以上研究的是 Fe^{3+}和 Ga^{3+}等单独存在时各自的行为，Fe^{3+}沉淀的 pH 值范围比 Ga^{3+}沉淀的低，二者沉淀的 pH 值范围不重叠。但是由于 Ga^{3+}半径和 Fe^{3+}半径比较接近并且这两种离子所带电荷相同，考察 Fe^{3+}存在下 Ga^{3+}的沉淀行为很有意义。溶液中含 0.1 g/L

Ga^{3+}、0.2 g/L Fe^{3+}、$(Ga^{3+}+Fe^{3+})$:PO_4^{3-}=1:1.2，Fe^{3+}沉淀过程中镓离子的行为如图 7.10 所示。

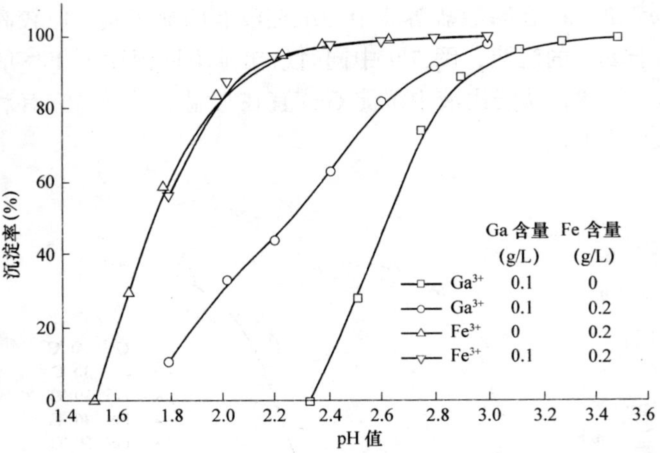

图 7.10　Fe^{3+}沉淀过程中镓离子的行为

(Me^{3+}:PO_4^{3-} 1:1.2，温度 30 ℃，时间 30 min)

从图 7.10 中可以看出，在 Fe^{3+}、Ga^{3+}与 Fe^{2+}共存的溶液中，中和溶液最先沉淀的是 Fe^{3+}。pH 值为 1.8 时 Fe^{3+}的沉淀率已超过 56%，此时有 10%的 Ga^{3+}也随之沉淀出来。若无 Fe^{3+}存在，此时 Ga^{3+}尚未开始沉淀，直至溶液 pH 值上升到约 2.3 才见 Ga^{3+}沉淀出来。将图 7.10 与图 7.1 比较，在所考察的整个 pH 值范围内，Ga^{3+}的沉淀曲线都向 pH 值降低的方向移动，在 pH 值为 3 左右 Ga^{3+}即沉淀完全。从图 7.10 中可以清楚看出，虽然 Ga^{3+}存在下 Fe^{3+}的沉淀没有改变，但 Fe^{3+}的存在会使 Ga^{3+}与 Fe^{3+}一起共沉淀。为此，考察了不同浓度 Fe^{3+}存在下 Ga^{3+}的沉淀行为，如图 7.11 所示。

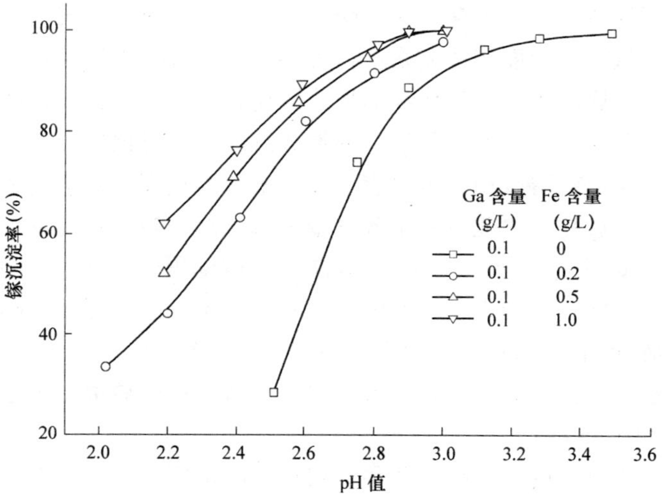

图 7.11　Ga^{3+}、Fe^{3+}摩尔比对镓离子沉淀过程的影响

(Me^{3+}:PO_4^{3-}=1:1.2，温度 30 ℃，时间 30 min)

从图 7.11 中可以看出，当 Fe^{3+}、Ga^{3+}摩尔比从 0:1 提高至 2:1 时，镓沉淀率有较大幅度提高，完全沉淀所要求的 pH 值从 3.5 降低到 3.0。随着 Fe^{3+}、Ga^{3+}摩尔比的提高，Ga^{3+}完全沉淀所要求的 pH 值进一步降低，至 Fe^{3+}、Ga^{3+}摩尔比大于 5:1 以后，镓沉淀率提高幅度逐渐减小。

Fe^{3+}存在促进 Ga^{3+}沉淀的现象可以用来改善电尘浸出液中镓的沉淀回收。虽然磷酸盐在 pH 值为 3.5 以下可完全沉淀镓，但磷灰石的硫酸浸出液中通常含有大量杂质成分，pH 值调至 3.5 时，往往会有许多絮状物析出。如果有少量 Fe^{3+}存在，沉淀镓所要求的 pH 值可以降低，从而可避免因溶液的混浊而造成的操作困难。

7.1.6　磷酸根离子对金属离子沉淀过程的影响机理

由以上讨论可以看出，当溶液中存在磷酸根离子时，金属离子开始沉淀时的 pH 值降低，说明溶液中的磷酸根能促进金属离子子的沉淀过程。为了深入研究磷酸根离子对金属离子沉淀过程的影响，从沉淀溶度积的方面进行考察，当溶液中无磷酸根离子存在时，金属离子以氢氧化物的形式沉淀，当溶液中存在磷酸根离子时，金属离子可能以磷酸盐的形式沉淀。通过比较金属氢氧化物和磷酸盐的溶度积，可以进一步了解磷酸根离子对金属离子沉淀过程的影响，为此查阅了各种金属磷酸盐的溶度积，发现磷酸铁的溶度积 k_{sp} 为 1.3×10^{-22}，磷酸镓的溶度积未查到。下面以磷酸铁的沉淀过程为例，说明磷酸根对铁离子沉淀过程的影响，假设溶液 pH 值为 2.0，Fe^{3+}浓度为 1 g/L，相当于 1.79×10^{-2} mol/L；磷酸根离子浓度与 Fe^{3+}离子浓度的比值为 1:1，磷酸根离子浓度为 1.79×10^{-2} mol/L。

磷酸是弱的三元酸，各种酸根存在的范围与 pH 值有关。磷酸与各酸根之间有如下平衡：

$$H_3PO_4 = H^+ + H_2PO_4^- \quad \text{反应平衡常数 } K_1=10^{-2.03} \tag{7.1}$$

$$H_2PO_4^- = H^+ + HPO_4^{2-} \quad \text{反应平衡常数 } K_2=10^{-7.21} \tag{7.2}$$

$$HPO_4^{2-} = H^+ + PO_4^{3-} \quad \text{反应平衡常数 } K_3=10^{-12.31} \tag{7.3}$$

由以上反应式可以得出某一 pH 值下 PO_4^{3-}离子浓度 $C_{PO_4^{3-}}$ 的表达式：

$$C_{PO_4^{3-}} = \frac{C_P}{1+10^{pK_3-pH}+10^{pK_2+pK_3-2pH}+10^{pK_1+pK_2+pK_3-3pH}} \tag{7.4}$$

其中

$$C_P = C_{H_3PO_4} + C_{H_2PO_4^-} + C_{HPO_4^{2-}} + C_{PO_4^{3-}} \tag{7.5}$$

将 $C_P=1.79\times10^{-2}$ mol/L，pH=2，$pK_1=2.03$，$pK_2=7.21$，$pK_3=12.31$ 代入式(7.4)和式(7.5)可得 $C_{PO_4^{3-}}=2.61\times10^{-18}$，再由 $C_{Fe^{3+}}=1.79\times10^{-2}$ mol/L，可得 $C_{Fe^{3+}}C_{PO_4^{3-}}=4.67\times10^{-20}$。

根据 $C_{Fe^{3+}}=1.79\times10^{-2}$ mol/L，及 $C_{OH^-}=10^{-12}$ mol/L，可得

$C_{Fe^{3+}}(C_{OH^-})^3=1.79\times10^{-38}$。

从以上讨论可以看出溶液中 $C_{Fe^{3+}}C_{PO_4^{3-}}$ (4.67×10^{-20})>> $K_{SP\ FePO_4}$ (1.3×10^{-22})，$C_{Fe^{3+}}(C_{OH^-})^3$ (1.79×10^{-38})< $K_{SP\ Fe(OH)_3}$ (4×10^{-38})，可以推测在此 pH 值下，当溶液中无磷酸根离子存在时，Fe^{3+}不沉淀，当溶液中存在磷酸根离子时，Fe^{3+}以 $FePO_4$ 的形式沉淀。以上讨论说明当溶液中有磷酸根存在时，可以使 Fe^{3+}在较低的 pH 值下沉淀。

7.1.7　Fe^{3+}和 Ga^{3+}共同存在时沉淀过程的机理研究

7.1.7.1　Fe^{3+}和 Ga^{3+}共同存在时沉淀的组成

为了考察沉淀物的组成，首先采用 XRD 方法分析了沉淀的物相，发现沉淀为无定型物质。从 XRD 图中无法考察沉淀的物相组成，为此采用化学分析法考察了沉淀的化学组成。当溶液中只有镓离子和磷酸根离子时，沉淀中磷酸根离子和镓离子的比值为 0.882:1，沉淀组成为 $Ga(PO_4)_{0.882}(OH)_{0.354}$；当溶液中只有铁离子和磷酸根离子时，沉淀中磷酸根离子和铁离子的比值为 0.998:1，沉淀组成接近 $FePO_4$；当溶液中同时存在镓离子、铁离子和磷酸根离子时，假设沉淀中的铁以 $FePO_4$ 的形式存在，可推算出沉淀中磷酸根离子和镓离子的比值为 0.938:1，沉淀中镓的存在形式为 $Ga(PO_4)_{0.938}(OH)_{0.186}$。从以上讨论可以看出，当溶液中存在磷酸根离子时，铁以磷酸铁的形式沉淀，镓主要以磷酸镓的形式沉淀，同时还有很少一部分镓以氢氧化物的形式沉淀。

7.1.7.2　Fe^{3+}和 Ga^{3+}共同存在时沉淀过程中的共沉淀作用

Ga^{3+}离子半径为 0.062 nm，Fe^{3+}离子半径为 0.053 nm，二者离子半径比较接近；同时镓的磷酸盐和铁的磷酸盐结构接近，属同一类化合物，其结构与二氧化硅类似，金属原子和 P 原子的位置类似于二氧化硅中硅原子的位置，金属原子和 P 原子与氧原子形成类似于二氧化硅的空间网状结构[2]。由于以上因素，当溶液中同时存在铁离子和镓离子时，铁离子沉淀过程中可能有一部分镓离子以同晶取代的形式进入磷酸铁沉淀中，从而使一部分镓离子和铁离子共沉淀。

7.1.7.3 Fe^{3+}和 Ga^{3+}共同存在时沉淀过程中的吸附作用

当溶液中同时存在铁离子和镓离子时，生成的磷酸铁沉淀可能对溶液中的镓离子产生吸附作用，在某一 pH 值下溶液中镓离子的平衡浓度可能低于镓离子单独存在条件下的平衡浓度。从图 7.10 中可以看出，当溶液中镓离子和铁离子共同存在时，pH 值大于 2.6 以后，溶液中的铁离子完全沉淀，可以认为当 pH 值大于 2.6 以后，磷酸铁对镓离子沉淀过程的影响主要是吸附作用，而不存在共沉淀作用。为此考察了 pH 值大于 2.6 时，镓离子和铁离子同时存在条件下和镓离子单独存在条件下溶液中镓离子的平衡浓度。不同沉淀条件下溶液中镓离子的平衡浓度如图 7.12 所示，从图 7.12 中可以看出，当溶液中存在磷酸铁沉淀时，溶液中镓离子的平衡浓度低于相同 pH 值下无磷酸铁沉淀存在时溶液中镓离子的平衡浓度，说明当溶液中同时存在铁离子和镓离子时，生成的磷酸铁对溶液中的镓离子有吸附作用。

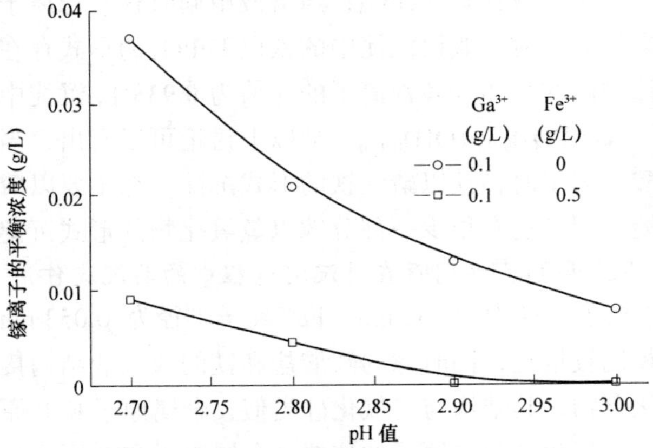

图 7.12 不同沉淀条件下溶液中镓离子的平衡浓度

(Me^{3+}:PO_4^{3-}=1:1.2，温度 30 ℃，时间 30 min)

7.2　从废酸浸出液中回收镓

由以上讨论可知，沉淀法回收镓时，Fe^{2+}很少进入沉淀，而少量 Fe^{3+}可促进 Ga^{3+}的沉淀。基于这个事实，可以建立一种从废酸浸出液中沉淀回收镓的策略。

用含 20%硫酸和 30 g/L Fe^{2+}的模拟废酸溶液按液固比为 4:1 的比例浸出电尘中的镓，浸出液中镓浓度为 0.105 g/L，浸出液用 Na_2CO_3 调至一定 pH 值，反应一段时间后离心分离，测量镓和铁的沉淀率。作为对比，另一份同样组成的浸出液有控制地通入少量空气，产生少量 Fe^{3+}。试验证明，未通空气直接沉淀的溶液要求 pH 值在 3.4 左右方能沉淀完全，而通入空气的溶液在 pH 值为 2.9 下即可完全沉淀镓，此时的溶液中无混浊物出现，试验结果如表 7.1 所示。

表 7.1　从废酸浸出液中分离镓和铁的试验结果

Ga 的浓度(g/L)	Fe^{3+}的浓度(g/L)	pH 值	温度(℃)	时间(h)	沉淀率(%)	
					Ga	Fe
0.105	0	3.40	30	1	99.49	1.67
0.105	0.56	2.91	30	0.5	99.65	1.87

上述的沉淀策略也可应用到其他浸出液中沉淀镓。例如，可以用于从锌焙砂浸渣中浸出的含镓溶液中沉淀富集镓。配制含 Fe^{2+} 20 g/L、Zn^{2+}10 g/L、Ga^{3+} 0.5 g/L 的锌冶炼渣浸出液[3]，加入一定量的磷酸，使 PO_4^{3-}、Ga^{3+}摩尔比为 1.2:1，向溶液中通入空气使少量 Fe^{2+}转化为 Fe^{3+}，在 pH 值为 2.90 的条件下反应 3 h，镓的沉淀率为 99.30%，铁的沉淀率为 11.63%，铁镓摩尔比从溶液中的 40:1 降至沉淀中的 4.68:1，溶液中的镓富集于沉淀中，沉淀

中的镓可采用萃取法或其他方法进一步分离提纯。

7.3 结　论

(1)溶液中磷酸根的存在能促进 Ga^{3+}、Fe^{3+}和 Fe^{2+}的沉淀，其沉淀率都随磷酸根浓度的增加而增加，直至磷酸根离子与待沉淀的金属离子摩尔比达到 1:1，进一步提高磷酸根离子浓度，镓离子和铁离子沉淀率几乎不变。

(2)从含磷酸根的溶液中沉淀时，沉淀发生的难度顺序为 $Fe^{3+} < Ga^{3+} \ll Fe^{2+}$。溶液中的 Fe^{3+}总会不可避免地进入镓沉淀，而溶液中 Fe^{2+}的沉淀则可通过控制沉淀 pH 值和温度有效抑制。

(3)影响溶液中沉淀的最重要的因素是溶液的 pH 值。当溶液中磷酸根离子与待沉淀的金属离子摩尔比达到 1:1 时，Fe^{3+}和 Ga^{3+}分别在 pH 值为 1.4 和 2.3 时开始沉淀，而在 pH 值为 2.3 和 3.5 时沉淀完全。而且沉淀速度也很快，5 min 左右可以完成。Fe^{2+}虽然在 pH 值为 3 时也开始沉淀，但所能达到的沉淀率甚低。

(4)反应温度对 Ga^{3+}和 Fe^{3+}的沉淀过程无明显影响，但提高反应温度却可以促进 Fe^{2+}的沉淀，因此沉淀过程宜在常温下进行，既便于操作，又有利于抑制 Fe^{2+}沉淀的干扰。

(5)当溶液中同时存在 Fe^{3+}和 Ga^{3+}时，Ga^{3+}的沉淀曲线向 pH 值降低的方向移动，Fe^{3+}的存在会使 Ga^{3+}与 Fe^{3+}一起沉淀。

参考文献

[1] Deng T, Huang L J, Fu L. Synergistic Extraction of Gallium From Sulfuric Solution[J]. Chinese Journal of Chemical Engineering, 2002, 10(1)：112-115.

[2] 项斯芬，严宣申，曹庭礼，等. 无机化学丛书. 第四卷. 氮磷

砷分族[M]. 北京：科学出版社, 1995:320.
[3] 王艳，周春山. 铅锌冶炼渣浸出液浸出镓的研究[J]. 稀有金属与硬质合金, 2001, 29(4)：7-9.

第 8 章 主要结论

本书研究了黄磷电炉烟尘的资源化利用，取得了一些创新性的研究成果和有价值的结论。

(1)采用 XRD、FT–IR、SEM、化学物相分析等方法考察了电尘的矿物学组成及电尘中镓和磷的赋存状态，发现电尘中主要矿物组成是磷灰石、石英、无定型硅酸盐玻璃体及少量焦炭；磷主要以酸溶性磷灰石形式存在，少量以水溶性磷化合物及酸不溶性磷化合物形式存在；电尘中镓含量太低，未能检测到电尘中镓的存在形式，从电尘的 SEM 图及镓元素面扫描图中可以发现镓均匀分布在电尘中。

(2)根据镓及其化合物的基础热力学数据，绘制了常温及高温条件下 $Ga–H_2O$ 体系的 Eh–pH 图，发现 $Ga–H_2O$ 体系中不存在 Ga_2O、Ga^{2+}、GaO^{+}、$GaOH^{2+}$、$HGaO_3^{2-}$和 GaO^{2-}优势区，Ga、Ga_2O_3、Ga^{3+}和 GaO_3^{3-}存在优势区。Ga 和 Ga_2O_3 既可溶于酸性溶液也可溶于碱性溶液，在酸性溶液中镓主要以 Ga^{3+}形式存在，在碱性溶液中镓主要以 GaO_3^{3-}形式存在。随着温度的升高，Ga^{3+}的优势区缩小，GaO_3^{3-}的优势区扩大，说明温度的升高不利于 Ga_2O_3 在酸性溶液中的溶解，有利于 Ga_2O_3 在碱性溶液中的溶解。

(3)研究了各种溶液对电尘中镓的浸出性能，通过试验发现：①碱性溶液对电尘中镓的浸出率较低，只有 72.48%，且浸出后固液分离困难，因此电尘不宜采用碱浸；②采用盐酸和硫磷混酸从电尘中浸出镓，在不形成硫酸钙沉淀或降低硫酸钙沉淀影响的条件下，电尘中镓的浸出率为 90%~91%，其余酸不溶部分可能包裹在石英或熔融时形成的玻璃体等难以被酸侵蚀的物相中；③采用硫酸溶液直接从电尘中浸出镓，镓的浸出率仍为 90%~91%，说明反应过程中生成的硫酸钙对电尘中镓的浸出率的影响不大。

(4)系统研究了硫酸直接浸出电尘的过程，通过试验发现，镓的浸出过程受温度、硫酸浓度和液固比的影响比磷的浸出过程大，浸出镓比浸出磷需要更高的温度、硫酸浓度和液固比，镓的浸出比磷的浸出困难。

(5)提出了一种能够从电尘中有效回收镓和磷的新方法，即浓硫酸预处理水浸法，它可将电尘中的镓和磷转化成水溶性化合物，然后用水溶解浸出，具有硫酸用量少，浸出液中镓和磷浓度高，操作简便等特点。

(6)通过试验确定的预处理条件为电尘:水:硫酸=1:1:1，在 200 ℃下熟化 2 h。水的加入不仅改善了硫酸与电尘的作用，而且水与硫酸混合时放出大量的稀释热进一步促进了这一作用。电尘拌酸后保温陈化(熟化)有利于提高镓和磷的浸出率，同时较高的温度有利于硅胶的脱水聚合及氟的逸出，从而改善物料的固液分离性能。熟化温度以 200 ℃为最佳，高于此温度则因生成难溶性的磷酸盐而导致镓和磷的浸出率降低。在优化条件下预处理后的电尘在搅拌速度 800 r/min、液固比 4:1、温度 80 ℃下反应 1 h 可浸出电尘中近乎全部的酸溶性镓和磷。

(7)深入研究了较高液固比条件下硫酸直接浸出电尘反应动力学，通过试验发现电尘中镓的浸出过程反应活化能为 51 kJ/mol，浸出过程为表面化学反应控制，同时也说明电尘中的镓主要存在于电尘颗粒表面；电尘中磷的浸出过程反应活化能为 6.1 kJ/mol，浸出过程为产物层扩散控制，反应产物不利于电尘中磷的浸出，但不影响电尘中酸溶性磷的完全浸出。

(8)考察了含 20% H_2SO_4、10 ~ 50 g/L Fe^{2+}的钛白废酸模拟溶液从电尘中浸出镓和磷的过程，通过试验发现废酸中的 Fe^{2+}对镓和磷的浸出均无明显影响；随着反应体系液固比的降低，镓的浸出率逐渐降低，磷的浸出率几乎不变。在两段逆流操作条件下，采用含20%硫酸和30 g/L铁的模拟废酸溶液可从电尘中比较完全地浸出镓和磷，浸出液中含镓约0.1 g/L。

(9)研究了用磷酸盐沉淀法从含大量铁离子的浸出液中富集回收镓的过程以及铁在沉淀过程中的行为，通过试验发现：①溶液中磷酸根的存在都能促进Ga^{3+}、Fe^{3+}和Fe^{2+}的沉淀，其沉淀率都随磷酸根浓度的增加而增加，直至磷酸根离子与待沉淀的金属离子摩尔比达到1:1，进一步提高磷酸根离子浓度，镓离子和铁离子沉淀率几乎不变。②影响溶液中金属离子沉淀的最重要的因素是溶液的pH值。当溶液中磷酸根离子与待沉淀的金属离子摩尔比达到1:1时，Fe^{3+}和Ga^{3+}分别在pH值为1.4和2.3时开始沉淀，在pH值为2.3和3.5时沉淀完全。而且沉淀速度也很快，5 min左右可以完成。Fe^{2+}虽然在pH值为3时也开始沉淀，但所能达到的沉淀率甚低。③温度对Ga^{3+}和Fe^{3+}的沉淀无明显影响，但提高温度却可以促进Fe^{2+}的沉淀，因此沉淀宜在常温下进行，既便于操作，又有利于抑制Fe^{2+}的沉淀。④从含磷酸根的溶液中沉淀时，沉淀发生的难度顺序为$Fe^{3+} < Ga^{3+} << Fe^{2+}$。溶液中的$Fe^{3+}$总会不可避免地进入镓沉淀，而溶液中$Fe^{2+}$的沉淀则可通过控制pH值和温度有效抑制。⑤当溶液中同时存在Fe^{3+}和Ga^{3+}时，Ga^{3+}的沉淀曲线向pH值降低的方向移动，Fe^{3+}的存在会促进Ga^{3+}的沉淀。

(10)在优化的操作条件下从含30 g/L铁，0.1 g/L镓的电尘浸出液中回收镓，当溶液中的镓离子完全沉淀时，铁离子的沉淀率小于2%，铁镓比从溶液中的300:1降至沉淀中的6:1，镓富集于沉淀中。

符号表

符号	名称	单位
A	磷灰石	
C	硫酸钙	
C	某一转化率下反应体系中硫酸的浓度	mol/L
C_0	反应体系的初始硫酸浓度	mol/L
C_P	热容	J/(mol·K)
C_{P}	溶液中各种磷酸根离子总浓度	mol/L
$C_{\mathrm{PO_4^{3-}}}$	溶液中正磷酸根离子浓度	mol/L
C_S	颗粒表面处液相反应物浓度	mol/L
D	扩散系数	m^2/s
E	活化能	kJ/mol
K	总反应速率常数	s^{-1}
k'	化学反应速率常数	m^3/s
k_0	频率因子	s^{-1}
k_l	线速率常数	$m^4/(s\cdot mol)$
k_{Ga}	镓浸出过程反应速率常数	s^{-1}
k_{P}	磷浸出过程反应速率常数	s^{-1}
K	平衡常数	
K_1	磷酸第一级离解平衡常数	
K_2	磷酸第二级离解平衡常数	
K_3	磷酸第三级离解平衡常数	
m_0	固体表面潜在反应点浓度	m^{-2}
M	偏磷酸钾钙 $KCa(PO_3)_3$	
n	固体颗粒未反应核中物质摩尔数	mol
n_0	反应体系固体颗粒中初始物质摩尔数	mol
P	焦磷酸钾钙 $K_2CaP_2O_7$	
P	溶液上部水的饱和蒸气压力	Pa
P_0	纯水上部水的饱和蒸气压力	Pa
Q	石英	

续表

符号	名称	单位
r	某一转化率下未反应颗粒半径	μm
r_0	颗粒初始半径	μm
r_z	某一转化率下颗粒半径	μm
R	气体常数	J/(mol·K)
R_l	线速率	m/s
R_{LS}	液固比	g/mL
S	水不溶性物质 $KAl_{0.5}Fe_{0.5}P_2O_7$	
s	化学反应计量系数	
S_{25}^0	标准熵	J/(mol·K)
Si	硅酸盐	
t	时间	min
T	绝对温度	K
V	摩尔体积	cm³/mol
V_P	产物摩尔体积	cm³/mol
V_R	反应物摩尔体积	cm³/mol
V_S	溶液的体积	mL
W	水溶性物质 $K_4H_5(SO_4)_3PO_4$	
X	未知水溶性物质	
Z	反应过程体积系数	
ΔC_P	反应过程热容变化	J/(mol·K)
ΔG_{25}^0	标准生成自由能	kJ/mol
ΔG	反应过程总自由能变化	kJ/mol
ΔH_{25}^0	标准生成焓	kJ/mol
ΔH	反应过程总焓变化	kJ/mol
ΔS	反应过程总熵变化	J/(mol·K)
α	转化率	
δ	极限边界层厚度	μm
ε_T^0	标准电极电位	V
ρ	密度	g/cm³
σ	化学反应计量系数	

附录　黄磷电尘中磷的化学物相分析流程

含有元素磷、低价磷和五价磷的试样，采用二硫化碳浸出法、水溶法、$Al(NO_3)_3$–柠檬酸酸溶法联合溶样的方法，再利用喹钼柠酮试剂只与五价磷产生沉淀的特性，分离和测定不同形式的磷。黄磷电尘中磷的化学物相分析流程如下所示。

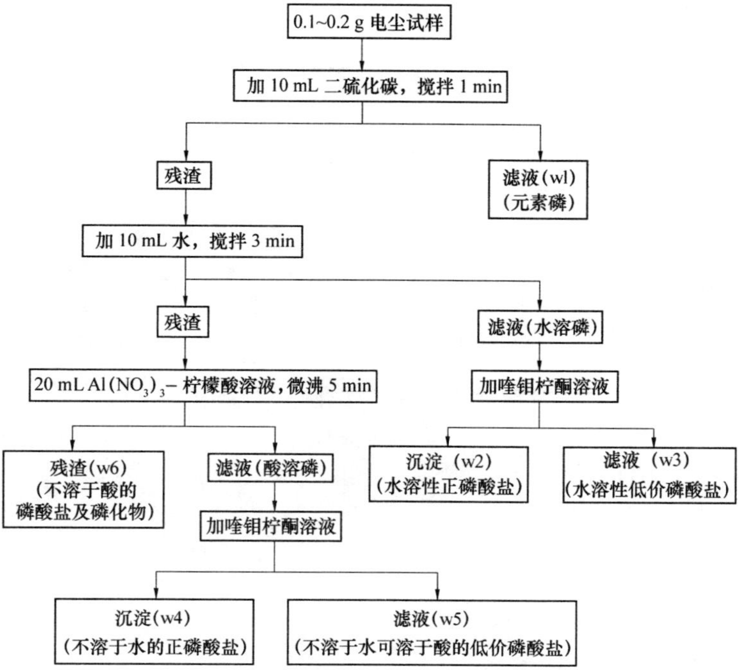